デジタル回路設計入門

―― FPGA時代の論理回路設計 ――

博士（工学）　中野　浩嗣
博士（工学）　伊藤　靖朗
【共著】

コ ロ ナ 社

まえがき

本書は，デジタル回路設計を初めて学ぶ大学の学部生を対象とした教科書である。前提となる知識は高校の数学I程度のレベルであり，高校生が読んでも理解できるように書かれている。

ほかの一般的なデジタル回路設計や論理設計の教科書と違い，プログラマブル集積回路であるFPGAの設計を意識した内容になっており，実際のデジタル回路設計の際に考慮しなければならない事柄について，詳しく説明している。また，理論的な回路計算量の考え方も含んでいる。すでにデジタル回路設計を学んだ大学院生や社会人が読んでも，デジタル回路設計に関する新たな知識を得られるようになっている。実際にデジタル回路設計を行っている技術者が経験によって獲得し，意識せずに用いているノウハウ的な内容も含んでおり，そのような技術者にとっても本書を読むことは有益である。

本書は6章で構成される。

1章は，論理式と，基本ゲート回路を用いた組み合わせ回路について説明している。カルノー図やクワイン・マクラスキー法を用いた論理式の簡単化がおもな内容である。論理関数の表現方法として，真理値表，論理式，組み合わせ回路の3通りがあるが，これらが相互に変換可能であることを説明している。これらの内容に加えて，汎2入力ゲートとそれを用いた組み合わせ回路の大きさの評価法について述べている。これは回路計算量を理論的に議論するベースとなる。

2章は，よく使われるさまざまな組み合わせ回路について紹介している。特に，実際の回路でよく用いられるセレクタ回路とデコーダ回路の設計方法について詳しく説明している。これらに加えて，セレクタ回路と汎2入力ゲートを用いた任意のnビット論理関数を計算する回路の構成法を説明している。これは他書にない特徴的な内容で，回路計算量理論の基礎となる考え方を示している。

3 章は，整数や小数点数のビット列による表現方法と，加算回路，減算回路，乗算回路の設計方法について説明している。特に，オーバーフローの判定法や 2 の補数の場合の乗算回路についても紹介している。

4 章は，ラッチやフリップフロップ等の記憶回路を基本ゲート回路を用いて構成する方法について紹介している。また，フリップフロップのアクセスタイム，セットアップタイム，ホールドタイム等の時間定数について説明しており，フリップフロップが正しく動作するための条件を示している。また，フリップフロップを用いた最も簡単な回路の例として，非同期カウンタ回路を説明している。

5 章は，フリップフロップと組み合わせ回路を用いた順序回路の設計法である。まず，2^n 進カウンタの設計法と，最大動作周波数の求め方を説明している。続いて，2 のべきでないカウンタの例として 5 進カウンタの設計法を示しているが，多くの人により共通して行われている間違った設計法を紹介し，正しく動作しない理由を説明している。そして，改めて正しい 5 進カウンタの設計法を示している。FPGA 等でよく用いられる順序回路である完全同期式順序回路をミーリー型，ムーア型，単純型の 3 通りに分類し，それらの特徴について解説している。また，完全同期式順序回路のレジスタトランスファレベルシミュレーションとゲートレベルシミュレーションについて解説し，正しく動作するための条件を示している。具体的な完全同期式順序回路の例として，ステートマシンとメモリ回路を紹介している。

6 章は，いくつかの実用的な回路を紹介している。数取器回路を題材に，外部からの入力信号を受け付ける順序回路の設計時に注意すべき点について説明している。また，FPGA に組み込まれているルックアップテーブル回路とその使い方について述べている。最後に畳み込み回路の設計と，パイプライン化による高速化手法，および FPGA が組み込んでいる DSP 回路を用いた畳み込み回路の実装方法について紹介している。

以上により，実践的なデジタル回路設計やFPGAの設計を行うにあたり，基礎的な内容をマスターでき，また，回路計算量の理論的な分析も行えるようになる。

最後に，本書を出版するにあたり，コロナ社に深く感謝を申し上げる。

2021年2月

中野浩嗣，伊藤靖朗

目　　次

3章　算術演算回路

4章 記 憶 回 路

5章 順 序 回 路

6章　実用的な回路

1章 論理式と組み合わせ回路

◆本章のテーマ

真理値を対象とする論理関数を表すのに，真理値表，論理式，組み合わせ回路の三つの表現方法がある。これらの取り扱いと，相互の変換方法が本章の主たるテーマである。特に，真理値表の形で論理関数が与えられたとき，その論理関数を計算する論理式の求め方とその論理式の簡単化の二つの方法（カルノー図を用いる方法とクワイン・マクラスキー法）を説明する。

◆本章の構成（キーワード）

1.1　論理式，組み合わせ回路，および論理関数

論理演算（論理積，論理和，論理否定等），基本ゲート回路（AND ゲート，OR ゲート，NOT ゲート等），真理値表，汎 2 入力ゲート，組み合わせ回路の大きさ

1.2　論理式と組み合わせ回路の簡単化

主加法標準形，主乗法標準形，カルノー図，禁止入力，クワイン・マクラスキー法

◆本章を学ぶと以下の内容をマスターできます

☞ 論理演算の基本法則
☞ 論理関数の真理値表から標準形の論理式を求め，基本ゲート回路による組み合わせ回路を設計する方法
☞ 真理値表の禁止入力（ドントケア入力）の意味と取り扱い
☞ カルノー図やクワイン・マクラスキー法を用いて最も簡単な論理式を求め，組み合わせ回路を設計する方法
☞ 汎 2 入力ゲートを用いた組み合わせ回路の大きさを評価する方法
☞ NAND ゲートのみ，もしくは NOR ゲートのみを用いて，組み合わせ回路を設計する方法

1.1 論理式，組み合わせ回路，および論理関数

普通の数式は整数や実数等を対象とするが，**論理式**は，**真**と**偽**のいずれかの値をとる**真理値**（**論理値**とも呼ばれる）を対象とする。簡便のため，真を 1，偽を 0 と表す。この真理値に対するいくつかの演算（**論理演算**）を定義する。

論理否定：$\overline{A}$ は，A が 0 のとき 1 であり，1 のとき 0 の値をとる。つまり，$\overline{A}=1-A$ である。

論理積：$A\cdot B$ は，A と B の両方が 1 のときのみ 1 となり，それ以外は 0 となる。よって整数に対する乗算と同じである。

論理和：$A+B$ は，A と B の両方が 0 のときのみ 0 となり，それ以外は 1 となる。整数の加算と似ているが，$1+1=1$ となる点が異なる。

表 1.1 は，真理値の組み合わせとその演算結果を表にした**真理値表**である。

表 1.1　論理否定，論理積，および論理和の真理値表

(a)　論理否定

A	$\overline{A}$
0	1
1	0

(b)　論理積，論理和

A	B	$A\cdot B$	$A+B$
0	0	0	0
0	1	0	1
1	0	0	1
1	1	1	1

普通の数式が数と四則演算等演算の組み合わせで表されるのと同様に，真理値と論理演算の組み合わせで，論理式が表される。例えば，つぎは論理式の例である。

$$\overline{1\cdot 0}+0$$

数式の計算と同様に演算を順に行うことにより，この論理式の真理値は，つぎの計算により求めることができる。

$$\overline{1 \cdot 0} + 0 = \overline{0} + 0 = 1 + 0 = 1 \tag{1.1}$$

数式では乗算の優先順位が加算より高く，並んだ乗算と加算では，乗算の計算が先に行われる。同様に，論理積の優先順位は論理和より高いものとする。必要であれば，括弧を用いて計算順序を指定する。例えば，つぎのように括弧内が優先された論理式の計算が行われる。

$$0 + 1 \cdot (1 + 0) = 0 + 1 \cdot 1 = 0 + 1 = 1 \tag{1.2}$$

括弧内が最優先で計算され，また，論理積と論理和が並んでいる場合，論理積の計算が先に行われる。

数式に変数を含めることができるのと同様に，論理式に**論理変数**（または単に**変数**と呼ぶ）を含めることができる。つぎの例は，三つの論理変数 A，B，および C を含んだ論理式である。

$$\overline{A \cdot B} + C$$

三つの論理変数に対して，割り当てられる真理値が決まれば，論理式の真理値を計算することができる。例えば，$ABC = 100$（つまり，$A = 1$，$B = 0$，$C = 0$）のとき，この論理式はつぎのように計算され，真理値は 1 となる。

$$\overline{A \cdot B} + C = \overline{1 \cdot 0} + 0 = \overline{0} + 0 = 1 + 0 = 1 \tag{1.3}$$

変数を含んだ数式によって関数を定義することができる。例えば，$f(x, y) = x^2 + 2y$ は変数 x と y の実数値が決まれば，実数の関数値が一意に求められる関数である。同様に，論理変数を含んだ論理式によって，**論理関数**を定義することができる。例えば，三つの論理変数 A，B，C を含むつぎの二つの論理式は，論理関数 f と g をそれぞれ定義している。

$$f(A, B, C) = \overline{A \cdot B} + C \tag{1.4}$$

$$g(A, B, C) = \overline{A \cdot B \cdot \overline{C}} \tag{1.5}$$

三つの論理変数 A, B, および C のとる真理値の組み合わせは，$2^3 = 8$ 通りである。このすべての組み合わせについて，論理関数 f と g がとる値は，**表 1.2** の真理値表で表すことができる。

表 1.2 論理関数 f と g の真理値表

A	B	C	$f(A,B,C)$	$g(A,B,C)$
0	0	0	1	1
0	0	1	1	1
0	1	0	1	1
0	1	1	1	1
1	0	0	1	1
1	0	1	1	1
1	1	0	0	0
1	1	1	1	1

表より，三つの論理関数 f と g が，論理変数の同じ値の組み合わせに対して同じ真理値をとることがわかる。つまり，f と g は論理式は異なるが，すべての A, B, C に対して $f(A,B,C) = g(A,B,C)$ であり，同じ論理関数を定義している。

論理関数 f は，三つの論理変数に対して一つの真理値を決めるので，その定義域と値域を指定するために，$f : \{0,1\}^3 \to \{0,1\}$ と書かれる。複数の真理値を返す論理関数も定義することができる。一般に，n 個の論理変数に対して，m 個の真理値を返す関数は，$h : \{0,1\}^n \to \{0,1\}^m$ と書かれる。論理関数 h は，各次元が真理値をとる n 次元のベクトルに対して，真理値の m 次元のベクトルを返す関数とみなすことができる。つぎの論理式は，論理関数 $h : \{0,1\}^2 \to \{0,1\}^2$ を定義する論理式の例である。

$$h(A,B) = (A \cdot \overline{B} + \overline{A} \cdot B, A \cdot B) \tag{1.6}$$

表 1.3 は，論理関数 h の真理値表である。

表 1.3 論理関数 h の真理値表

A	B	$h(A,B)$
0	0	(0,0)
0	1	(1,0)
1	0	(1,0)
1	1	(0,1)

1.1.1　論理演算の基本法則

論理演算のさまざまな基本法則を，含まれる論理変数の個数が 1 個，2 個，3 個の場合に分けて，それぞれ説明する。

〔1〕 1 個の論理変数を含む論理演算の基本法則　1 個の論理変数 A を含む論理否定，論理和，論理積に関する基本法則を示す。これらの基本法則は，論理演算の意味を考えれば，その正しさは自明である。

単位元：$A \cdot 1 = A, \qquad A + 0 = A$

論理積の単位元は 1 であり，1 との論理積では値は変わらない。同様に，論理和の単位元は 0 であり，0 との論理和では値は変わらない。

零　元：$A \cdot 0 = 0, \qquad A + 1 = 1$

論理積の零元は 0 であり，0 との論理積は必ず 0 となる。同様に，論理和の零元は 0 であり，1 との論理和は必ず 1 となる。

補　元：$A \cdot \overline{A} = 0, \qquad A + \overline{A} = 1$

変数とその論理否定の論理積は，その変数の値にかかわらず必ず 0 となる。同様に変数とその論理否定の論理和は必ず 1 になる。

べき等：$A \cdot A = A, \qquad A + A = A$

同じ変数の論理積は，その変数自身となる。論理和も同様である。

二重否定：$\overline{\overline{A}} = A$

否定の否定は打ち消し合う。

表 1.4 の真理値表より，A が 0 と 1 の場合のそれぞれについて，各法則の左辺と右辺が等しく，これらの基本法則が正しいことが確認できる。

表 1.4　1 変数の基本法則の正しさを確認するための真理値表

A	単位元		零　元		補　元		べき等		二重否定
	$A \cdot 1$	$A+0$	$A \cdot 0$	$A+1$	$A \cdot \overline{A}$	$A+\overline{A}$	$A \cdot A$	$A+A$	$\overline{\overline{A}}$
0	0	0	0	1	0	1	0	0	0
1	1	1	0	1	0	1	1	1	1

〔2〕 2個の論理変数を含む論理演算の基本法則　　2個の論理変数 A と B を用いたつぎの基本法則が成り立つ。

交換法則：$A \cdot B = B \cdot A, \qquad A + B = B + A$

吸収法則：$A + (A \cdot B) = A, \qquad A \cdot (A + B) = A$

ド・モルガンの法則：$\overline{A \cdot B} = \overline{A} + \overline{B}, \qquad \overline{A + B} = \overline{A} \cdot \overline{B}$

表 1.5 の真理値表より，変数 A と B への $2^2 = 4$ 通りの真理値の割り当てについて，左辺と右辺の真理値が一致するので，これらの基本法則が正しいことが確認できる。

表 1.5　交換法則，吸収法則，ド・モルガンの法則の正しさを確認するための真理値表

A	B	交換法則				吸収法則	
		$A \cdot B$	$B \cdot A$	$A + B$	$B + A$	$A + (A \cdot B)$	$A \cdot (A + B)$
0	0	0	0	0	0	0	0
0	1	0	0	1	1	0	0
1	0	0	0	1	1	1	1
1	1	1	1	1	1	1	1

A	B	$\overline{A}$	$\overline{B}$	ド・モルガンの法則					
				$A \cdot B$	$\overline{A \cdot B}$	$\overline{A} + \overline{B}$	$A + B$	$\overline{A + B}$	$\overline{A} \cdot \overline{B}$
0	0	1	1	0	1	1	0	1	1
0	1	1	0	0	1	1	1	0	0
1	0	0	1	0	1	1	1	0	0
1	1	0	0	1	0	0	1	0	0

〔3〕 3個の論理変数を含む論理演算の基本法則　　3個の論理変数 A，B，C についても，つぎの基本法則が成り立つ。

結合法則：$(A \cdot B) \cdot C = A \cdot (B \cdot C), \qquad (A + B) + C = A + (B + C)$

分配法則：$A \cdot (B + C) = A \cdot B + A \cdot C, \qquad A + B \cdot C = (A + B) \cdot (A + C)$

結合法則と分配法則の前者は，普通の数式での加算乗算でも成り立つことから，容易に理解することができる。分配法則の後者は，普通の数式では成り立たないが，分配法則の前者と交換法則および吸収法則を用いてつぎのように導

出することができる。

$$
\begin{aligned}
(A+B)\cdot(A+C) &= A\cdot(A+C)+B\cdot(A+C)\\
&= A\cdot A+A\cdot C+B\cdot A+B\cdot C\\
&= A+A\cdot C+A\cdot B+B\cdot C\\
&= A+B\cdot C
\end{aligned}
\tag{1.7}
$$

また，**表 1.6** の真理値表を用いて，結合法則 $A\cdot(B\cdot C)=(A\cdot B)\cdot C$ と分配法則 $A\cdot(B+C)=A\cdot B+A\cdot C$ の正しさが確認できる。

表 1.6　結合法則と分配法則の正しさを確認するための真理値表

（a）　結合法則 $A\cdot(B\cdot C)=(A\cdot B)\cdot C$ を確認する真理値表

A	B	C	$A\cdot B$	$(A\cdot B)\cdot C$	$B\cdot C$	$A\cdot(B\cdot C)$
0	0	0	0	0	0	0
0	0	1	0	0	0	0
0	1	0	0	0	0	0
0	1	1	0	0	1	0
1	0	0	0	0	0	0
1	0	1	0	0	0	0
1	1	0	1	0	0	0
1	1	1	1	1	1	1

（b）　分配法則 $A\cdot(B+C)=A\cdot B+A\cdot C$ を確認する真理値表

A	B	C	$B+C$	$A\cdot(B+C)$	$A\cdot B$	$A\cdot C$	$A\cdot B+A\cdot C$
0	0	0	0	0	0	0	0
0	0	1	1	0	0	0	0
0	1	0	1	0	0	0	0
0	1	1	1	0	0	0	0
1	0	0	0	0	0	0	0
1	0	1	1	1	0	1	1
1	1	0	1	1	1	0	1
1	1	1	1	1	1	1	1

1.1.2　基本ゲート回路と組み合わせ回路

論理回路（デジタル回路）を設計するのに用いる最も基本的な部品は，**基本ゲート回路**である。**図 1.1** は **NOT** ゲート，**AND** ゲート，**OR** ゲートの三つの基本ゲート回路を示している。このような図形による基本ゲート回路の表

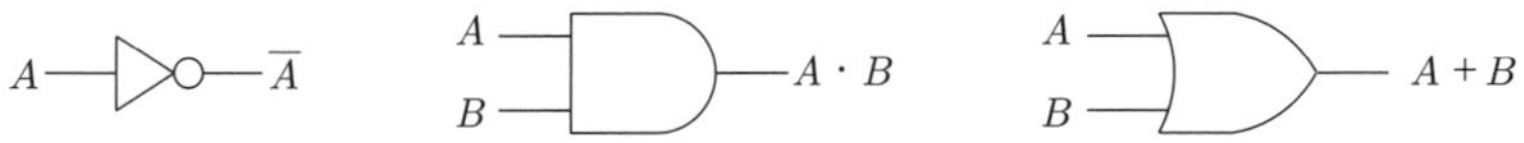

（a）　NOT ゲート　　（b）　AND ゲート　　（c）　OR ゲート

図 1.1　NOT ゲート，AND ゲート，および OR ゲートの回路記号

記を**回路記号**と呼ぶ。この図では左側が入力で右側が出力となる。真理値 0 または 1 が入力され，0 または 1 が出力される。基本ゲート回路はつぎの機能を持つ。

NOT ゲート：入力 A に対して，論理否定 $\overline{A}$ を出力する。

AND ゲート：二つの入力 A と B に対して，論理積 $A \cdot B$ を出力する。

OR ゲート：二つの入力 A と B に対して，論理和 $A + B$ を出力する。

基本ゲート回路は，抵抗やトランジスタ等の電子回路部品を用いて実現される。入力や出力の値は，電子回路の電位に対応して，例えば 0 は +0 V (GND)，1 が +1.5 V に対応する。本書では，基本ゲート回路を，単に基本ゲートもしくはゲートと呼ぶことにする。

組み合わせ回路は，複数の基本ゲートとそれらの接続する配線により構成される。**図 1.2** は，二つの入力 A と B，および出力 X を持つ組み合わせ回路の例である。このような図を**回路図**と呼ぶ。この回路図では五つの基本ゲートが配線で接続されている。この回路図では，入力 A と B の値が決まれば，各ゲートの出力の値を左から右に向かって順に決めていくことができる。例えば，$A = 0$，$B = 1$ のとき，二つの NOT ゲートの出力は，それぞれ $C = 0$，$D = 1$ となる。すると，AND ゲートの出力 E は，入力が $A = 0$，$C = 0$ なので，$E = 0$

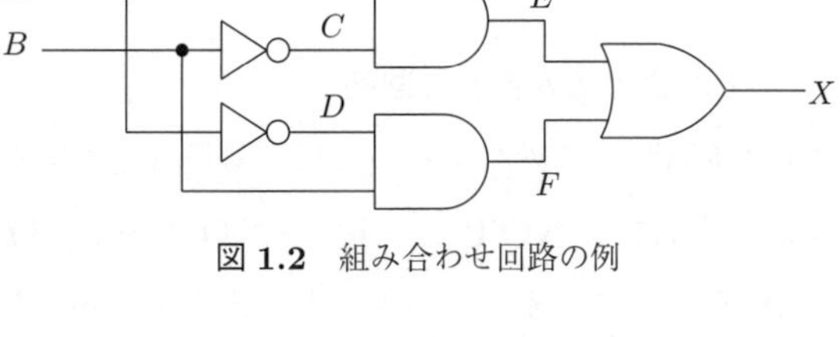

図 1.2　組み合わせ回路の例

となる。同様に，もう一つの AND ゲートの出力は，$D = 1$，$B = 1$ なので，$F = 1$ となる。OR ゲートの出力 X は，$E = 0$ と $F = 1$ なので，$X = 1$ となる。以上より，入力が $A = 0$，$B = 1$ のときの出力 $X = 1$ が求められる。つまり，真理値が伝搬していくように，入力から順にゲートの入力・出力と配線の真理値を決定していけばよい。

組み合わせ回路の真理値表は，すべての入力の真理値の組み合わせに対して，出力の真理値を求めた表である。**表 1.7** は図 1.2 の組み合わせ回路の真理値表である。図 1.2 の組み合わせ回路の場合，二つの入力を持つので，入力される信号の組み合わせは $2^2 = 4$ 通りである。組み合わせ回路の真理値表としては，組み合わせ回路の入力 A，B と出力 X の値だけで十分であるが，わかりやすさのため，各基本ゲートの出力 C，D，E，F の値も含めている。組み合わせ回路の入力 A，B の 4 通りの値の組み合わせに対して，入力に近い基本ゲートから順に出力を求めていくことにより，出力 X の値を求めることができる。具体的には，C と D の値は，それぞれ B と A の値から決定可能である。そして，E は A と C，F は B と D の値から決めることができる。最後に，出力 X の値は E と F の値から決定することができる。

表 1.7　図 1.2 の組み合わせ回路の真理値表

A	B	C	D	E	F	X
0	0	1	1	0	0	0
0	1	0	1	0	1	1
1	0	1	0	1	0	1
1	1	0	0	0	0	0

組み合わせ回路の出力を表す論理式も，入力から出力に向かって順に求めていくことができる。図 1.2 の組み合わせ回路の場合，C と D は NOT ゲートの出力なので，つぎの論理式が成り立つ。

$$C = \overline{B}, \qquad D = \overline{A} \tag{1.8}$$

そして，E と F は AND ゲートの出力なので，つぎの論理式が成り立つ。

$$E = A \cdot C = A \cdot \overline{B}, \qquad F = D \cdot B = \overline{A} \cdot B \tag{1.9}$$

したがって，組み合わせ回路の出力 X の論理式は，つぎのように求められる。

$$X = C + D = A \cdot \overline{B} + \overline{A} \cdot B \tag{1.10}$$

回路に閉路があり，真理値の決定順序が巡回する場合，組み合わせ回路ではない。例えば，**図 1.3** の基本ゲートによる回路は，AND ゲートの出力 B から開始して，NOT ゲートと AND ゲートを通り，B に戻る閉路が存在するので，組み合わせ回路ではない。$A = 0$ のときは，$B = A \cdot C = 0$，$C = \overline{B} = 1$ となり出力 C の真理値が決められる。ところが，$A = 1$ に変わると，$B = A \cdot C = 1$，$C = \overline{B} = 0$ となる。すると，$B = A \cdot C = 0$，$C = \overline{B} = 1$ と反転し，これが繰り返され，B と C の真理値が決められない。一方，組み合わせ回路は閉路を持たないので，すべての入力の真理値が決まると，全ゲートの出力を順に決定していけば，組み合わせ回路の出力を一意に決めることができる。

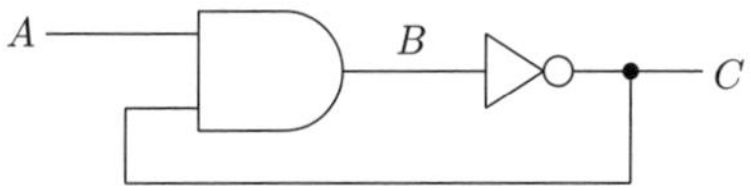

図 1.3　組み合わせ回路でない回路例

1.1.3　基本ゲート回路の拡張と排他的論理和

AND ゲートと OR ゲートは 3 入力以上の**多入力ゲート**に拡張することができる。**図 1.4** (a)，(b) は三つの入力 A，B，C を持つ AND ゲートと OR ゲートを示している。出力はそれぞれ論理積 $A \cdot B \cdot C$ と論理和 $A + B + C$ である。一般に n 入力 $A_0, A_1, \cdots, A_{n-1}$ の場合，AND ゲートは論理積 $A_0 \cdot A_1 \cdots A_{n-1}$，OR ゲートは論理和 $A_0 + A_1 + \cdots + A_{n-1}$ となる。この n の値，つまりゲートの入力数を**ファンイン**と呼ぶ。一方，ゲートの出力が接続するゲートの個数は**ファンアウト**と呼ばれる。実際の回路設計では，いずれも小さいほうが望ましい。

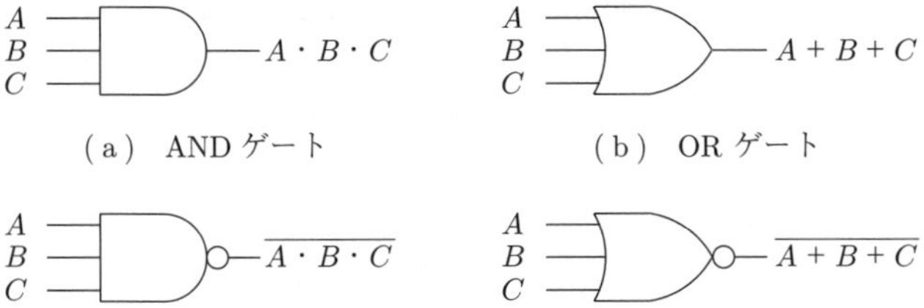

（a） AND ゲート　（b） OR ゲート

（c） NAND ゲート　（d） NOR ゲート

図 1.4　3 入力の AND ゲート，OR ゲート，NAND ゲート，および NOR ゲート

また，論理積の否定を出力するゲートを **NAND ゲート**，論理和の否定を出力するゲートを **NOR ゲート**と呼び，図（c），（d）のように，AND ゲートと OR ゲートのそれぞれに「○」を付けた回路記号で表す。図で示したように，3 入力 NAND ゲートの出力は，$\overline{A \cdot B \cdot C}$ であり，3 入力 NOR ゲートの出力は，$\overline{A + B + C}$ である。回路図を見やすくするため，AND ゲートや OR ゲートの入力を否定する場合も NAND ゲートと同様に「○」を付ける。**図 1.5** は，その例である。

図 1.5　入力を否定するゲートの例

入力が A だけの 1 入力の NAND ゲートと NOR ゲートは，出力はいずれも $\overline{A}$ なので，NOT ゲートと等価である。よって，NOT ゲートは 1 入力の NAND ゲートや NOR ゲートとみなすこともできる。

排他的論理和とは「$\oplus$」で表される論理演算である。$A \oplus B$ は，両方とも 1 のときは 0 になるように論理和を変更したものである。よって排他的論理和と呼ばれる。つまり，A と B の片方が 1 のときのみ演算結果が 1 となる。**表 1.8** は排他的論理和の真理値表である。

この真理値表から，つぎの関係が成り立つ。

表 1.8　排他的論理和と論理指数演算の真理値表

A	B	$A \oplus B$	$A \oplus 0$	$A \oplus 1$	A^B
0	0	0	0	1	1
0	1	1	0	1	0
1	0	1	1	0	0
1	1	0	1	0	1

$$\begin{aligned} A \oplus B &= A \qquad (B = 0 \text{ のとき}) \\ &= \overline{A} \qquad (B = 1 \text{ のとき}) \end{aligned} \tag{1.11}$$

よって，排他的論理和では，A を否定するかしないかを B の値によって決めることができ，B をスイッチのように用いることができる。このことを利用し，つぎの指数表記の**論理指数演算**を導入する。

$$A^B = \overline{A \oplus B} \tag{1.12}$$

明らかに，つぎの関係が成り立つので，B の値によって，A の肯定と否定を切り替えることができる。

$$A^0 = \overline{A}, \qquad A^1 = A \tag{1.13}$$

また，排他的論理和は交換法則と結合法則を満たす。つまり，つぎの等式が成り立つ。

$$A \oplus B = B \oplus A, \qquad (A \oplus B) \oplus C = A \oplus (B \oplus C) \tag{1.14}$$

表 1.9 は，この結合法則が正しいことを確認する真理値表である。$(A \oplus B) \oplus C$

表 1.9　排他的論理和の結合法則が正しいことを確認する真理値表

A	B	C	$A \oplus B$	$(A \oplus B) \oplus C$	$B \oplus C$	$A \oplus (B \oplus C)$
0	0	0	0	0	0	0
0	0	1	0	1	1	1
0	1	0	1	1	1	1
0	1	1	1	0	0	0
1	0	0	1	1	0	1
1	0	1	1	0	1	0
1	1	0	0	0	1	0
1	1	1	0	1	0	1

と $A \oplus (B \oplus C)$ が一致していることが確認できる。

また，表より，$A \oplus B \oplus C = 1$ となるのは，A, B, C の三つのうち 1 の個数が 1 または 3 の場合であることがわかる。一般に，n 個の場合，$A_0 \oplus A_1 \oplus \cdots \oplus A_{n-1} = 1$ となるのは，n 個の $A_0, A_1, \cdots, A_{n-1}$ のうち，1 の個数が奇数の場合である。

表 1.8 の排他的論理和の真理値表と表 1.7 に示した図 1.2 の組み合わせ回路の真理値表は一致する。よって，排他的論理和は，つぎの関係を満たし，図 1.2 の組み合わせ回路で計算することができる。

$$A \oplus B = A \cdot \overline{B} + \overline{A} \cdot B \tag{1.15}$$

実際の回路設計では，排他的論理和を用いることが多いので，**図 1.6** に示した **XOR ゲート**（eXclusive-OR ゲート）を排他的論理和を計算するのに用いる。OR ゲート等と同様に，多入力 XOR ゲートも用いられる。多入力の場合，入力の 1 の個数が偶数のとき 0，奇数のとき 1 が出力される。また，その XOR ゲートの出力を否定する **XNOR ゲート**も用いる。2 入力の場合 $\overline{A \oplus B}$ を出力する。

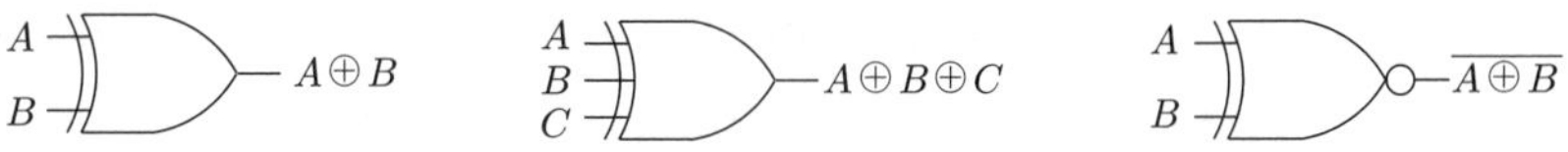

（a） 2 入力 XOR ゲート　（b） 3 入力 XOR ゲート　（c） 2 入力 XNOR ゲート

図 1.6　2 入力 XOR ゲート，3 入力 XOR ゲート，および 2 入力 XNOR ゲート

論理積，論理和，排他的論理和は結合法則を満たすので，これらに対応する AND ゲート，OR ゲート，XOR ゲートは，多入力ゲートのものを複数の 2 入力ゲートでつくることができる。例えば，**図 1.7**（a）は 3 個の 2 入力 AND ゲー

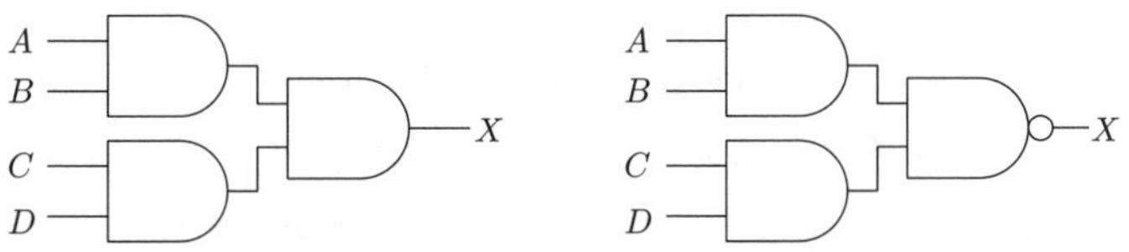

（a） 4 入力 AND ゲート　（b） 4 入力 NAND ゲート

図 1.7　複数の 2 入力ゲートによる 4 入力 AND ゲートと 4 入力 NAND ゲートの実現法

トによる組み合わせ回路であるが，これは 4 入力 AND ゲートと等価である。一般には，n 入力の AND ゲートは，$n-1$ 個の 2 入力 AND ゲートを木状に接続した組み合わせ回路で実現することができる。NAND ゲートや NOR ゲートは結合法則を満たさないが，図 1.7 のように，出力のところだけ 2 入力 NAND ゲートを用いて，それに 2 入力 AND ゲートを接続すればよい。図 1.7(b) では，1 個の 2 入力 NAND ゲートと 2 個の 2 入力 AND ゲートを用いている。一般に，n 入力の NAND ゲートは，1 個の 2 入力 NAND ゲートに $n-2$ 個の 2 入力 AND ゲートを木状に接続した組み合わせ回路で実現できる。

1.1.4　汎 2 入力ゲートと組み合わせ回路の大きさ

組み合わせ回路の大きさの指標として，使用するゲートの個数が用いられることが多い。しかし，多入力ゲートと 2 入力ゲートを同じ 1 個として評価するのは妥当ではない。そこで，2 入力ゲートのみ用いるという仮定のもとで，使用ゲート数で組み合わせ回路の大きさを評価する。例えば，4 入力 AND ゲートを用いている場合，それを 1 個と数えるのではなく，図 1.7(a) のように 3 個の 2 入力 AND ゲートを用いて，3 個と数えるようにして，用いられる 2 入力ゲートの総個数を組み合わせ回路の大きさと考えるのが妥当である。

また，組み合わせ回路をどのようなデバイス上に実装するかによって，使えるゲートの種類が異なる。必要なゲートが使えない場合，ほかのゲートを組み合わせて使えないゲートを間接的に実装する必要がある。そこで，本書では，すべての 2 変数論理関数に対応する 2 入力ゲートが利用可能であると仮定して，使用する 2 入力ゲートの個数が組み合わせ回路の大きさと定める。このようなゲート回路を**汎 2 入力ゲート**と呼ぶことにする。**表 1.10** はすべての 2 変数論理関数である。2 変数 A と B の値の組み合わせは 4 通りであり，この 4 通りについて 0 または 1 の値をとるので，2 変数論理関数は $2^4=16$ 通り存在する。表に示すように，$\beta_{0000}, \beta_{0001}, \cdots, \beta_{1111}$ をこの 2 変数論理関数，および対応する 2 入力ゲートを表すのに用いる。汎 2 入力ゲートとは，これら 16 通りのうち 1 通りを設定できる 2 入力ゲートである。

表 1.10　すべての 2 変数論理関数

種　類	AB				論理式	論理関数名	ゲート名	有　効
	00	01	10	11				
β_{0000}	0	0	0	0	0	恒偽		×
β_{0001}	0	0	0	1	$A \cdot B$	論理積	AND	○
β_{0010}	0	0	1	0	$A \cdot \overline{B}$			○
β_{0011}	0	0	1	1	A	恒等 A		×
β_{0100}	0	1	0	0	$\overline{A} \cdot B$			○
β_{0101}	0	1	0	1	B	恒等 B		×
β_{0110}	0	1	1	0	$A \oplus B$	排他的論理和	XOR	○
β_{0111}	0	1	1	1	$A + B$	論理和	OR	○
β_{1000}	1	0	0	0	$\overline{A + B}$	否定論理和	NOR	○
β_{1001}	1	0	0	1	$\overline{A \oplus B}$	否定排他的論理和	XNOR	○
β_{1010}	1	0	1	0	$\overline{B}$	論理否定 B	NOT	×
β_{1011}	1	0	1	1	$A + \overline{B}$			○
β_{1100}	1	1	0	0	$\overline{A}$	論理否定 A	NOT	×
β_{1101}	1	1	0	1	$\overline{A} + B$			○
β_{1110}	1	1	1	0	$\overline{A \cdot B}$	否定論理積	NAND	○
β_{1111}	1	1	1	1	1	恒真		×

図 1.8 に 2 入力ゲートと，それぞれと等価な基本ゲート回路を示している。明らかに，β_{0000} と β_{1111} は，つねに 0 と 1 を出力するので，0 と 1 の定数入力に置き換えることができる。また，β_{0011} と β_{0101} も，A と B をそのまま出力するので，もしこれらが回路に用いられても，削除することができる不要なゲートである。β_{1010} と β_{1100} は片方の変数の論理否定で，NOT ゲートとみなすことができる。これら 6 通りのゲートを**冗長汎 2 入力ゲート**と呼ぶ。冗長汎 2 入力ゲートは，もし使われていたとしても削除することができる，本質的に不要な汎 2 入力ゲートである。残りの 10 通りのゲートを**有効汎 2 入力ゲート**と呼ぶ。

組み合わせ回路の大きさは，汎 2 入力ゲートのみ用いて組み合わせ回路を実装した場合に，使用する汎 2 入力ゲートの個数と定義する。一方，このような組み合わせ回路で用いられている汎 2 入力ゲートのうち，つぎのものは大きさに含めないようにすることができる。

- 冗長汎 2 入力ゲート
- 入力の片方もしくは両方が定数（0 または 1）の有効汎 2 入力ゲート

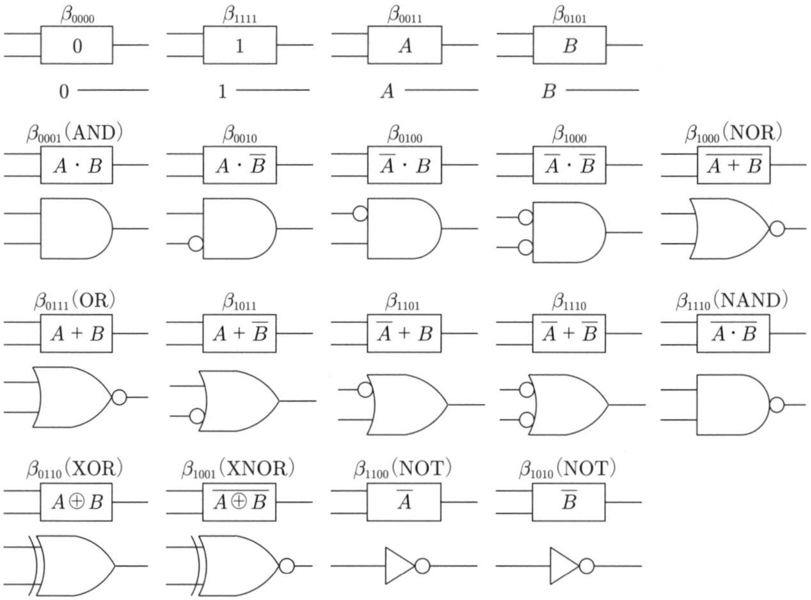

図 1.8　16 通りの 2 変数論理関数と 2 入力ゲート

冗長 2 入力ゲートのうち，β_{0000} と β_{1111} の恒偽と恒真，および β_{0011} と β_{0101} の恒等が削除できるのは明らかである。β_{1010} と β_{1100} の論理否定は，**図 1.9**(a)の組み合わせ回路のように，NOT ゲートの出力が接続する汎 2 入力ゲートに論理否定を吸収することにより，削除することができる。ただし，NOT ゲート出力がそのまま組み合わせ回路の出力となっていて，NOT ゲートの出力する汎 2 入力ゲートが存在しない場合，この方法は使えない。この場合，図(b)の組み合わせ回路のように，NOT ゲートの入力に接続する汎 2 入力ゲートを変更することにより，NOT ゲートを削除することができる。ただし，これら

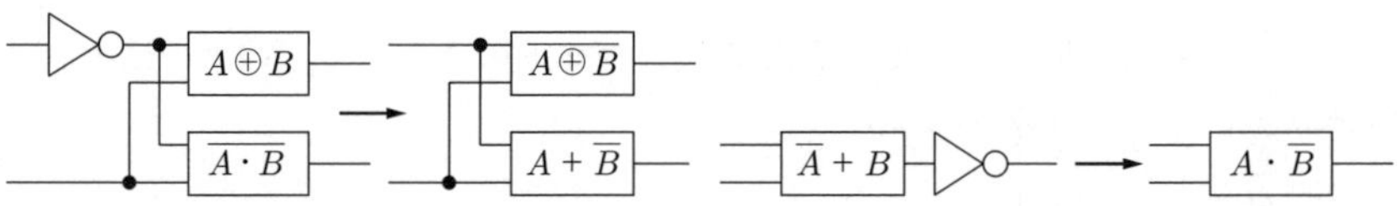

(a)　つぎの汎 2 入力ゲートに吸収　　　(b)　前の汎 2 入力ゲートに吸収

図 1.9　NOT ゲートの削除

の方法が使えない場合が例外的に存在する。例えば，1 個の NOT ゲートだけからなる組み合わせ回路では，汎 2 入力ゲートが存在しないため，図の方法は適用できない。また，汎 2 入力ゲートの出力とその論理否定の二つが両方とも組み合わせ回路の出力となっている場合，この論理否定を計算する NOT ゲートを削除することはできない。

有効汎 2 入力ゲートの両方の入力が定数の場合，出力はつねに 0 または 1 である。また，片方が定数，例えば，入力 A と B のうち，B が定数の場合，有効汎 2 入力ゲートは，**表 1.11** の 1 変数の論理関数の一つを計算することになる。出力は，つねに 0 または 1，あるいは，A または $\overline{A}$ である。つまり，冗長汎 2 入力ゲートとみなせるので，削除可能である。以上より，有効汎 2 入力ゲートのうち，入力の両方ともが定数でないものだけを組み合わせ回路の大きさに含めればよい。

表 1.11　すべての 1 変数論理関数

種　類	A		論理式	論理関数名	ゲート名
	0	1			
β_{00}	0	0	0	恒偽	
β_{01}	0	1	A	恒等	
β_{10}	1	0	$\overline{A}$	論理否定	NOT
β_{11}	1	1	1	恒真	

1.2　論理式と組み合わせ回路の簡単化

1.2.1　論理式の標準形

3 変数 A，B，C の場合に注目して，論理式の標準形を説明する。一般の n 変数の場合も同様である。変数の肯定と否定を，その変数の**リテラル**と呼ぶ。例えば，A と $\overline{A}$ は，変数 A のリテラルである。A を変数 A の**肯定のリテラル**，$\overline{A}$ を**否定のリテラル**と呼ぶことにする。リテラルの論理積を**積項**と呼ぶ。例えば，$\overline{A}\cdot B$ や $\overline{A}\cdot B\cdot\overline{C}$ は積項である。リテラルが 1 個の場合，例えば，$\overline{A}$ も積項と考える。同様にリテラルの論理和を**和項**と呼ぶ。例えば，$\overline{A}+B$ や $\overline{A}+B+\overline{C}$

は和項である。同じく，リテラルが 1 個の $\overline{A}$ も和項と考える。よって，1 個のリテラルは積項でもあり和項でもある。

すべての変数のリテラルが 1 個ずつ現れる積項を**最小項**と呼ぶ。同様に，すべての変数のリテラルが 1 個ずつ現れる和項を**最大項**と呼ぶ。**表 1.12** は，いくつかの積項と和項の真理値表である。積項が含むリテラルが 1 個のときは，真理値表で 1 となるのは 4 か所である。リテラルが 2 個のときは 2 か所，リテラルが 3 個のときは 1 か所だけとなる。含むリテラルの個数が増えるほど，1 となる ABC の値の組み合わせは減っていき，積項がすべての変数のリテラルを含むときに，1 か所だけが 1 になる。よって，すべての変数のリテラルを含む積項は最小項と呼ばれる。和項の場合も同様である。3 個の和項 $\overline{A}$，$\overline{A}+B$，$\overline{A}+B+\overline{C}$ の真理値表で 0 となるところは，リテラルが増えるほど減っていく。すべての変数のリテラルを含むと，0 になるのは 1 か所だけであり，残りの 7 か所はすべて 1 である。よって，すべての変数のリテラルを含む和項は最大項と呼ばれる。

表 1.12　積項と和項の真理値表

A	B	C	積　項			和　項		
			$\overline{A}$	$\overline{A}\cdot B$	$\overline{A}\cdot B\cdot\overline{C}$	$\overline{A}$	$\overline{A}+B$	$\overline{A}+B+\overline{C}$
0	0	0	1	0	0	1	1	1
0	0	1	1	0	0	1	1	1
0	1	0	1	1	1	1	1	1
0	1	1	1	1	0	1	1	1
1	0	0	0	0	0	0	0	0
1	0	1	0	0	0	0	0	1
1	1	0	0	0	0	0	1	1
1	1	1	0	0	0	0	1	1

最小項 $\overline{A}\cdot B\cdot\overline{C}$ が 1 となる変数への真理値割り当ては，全リテラルが 1 となるように真理値を割り当てた $ABC=010$ だけである。これ以外の割り当てでは，0 となる。この 010 を最小項 $\overline{A}\cdot B\cdot\overline{C}$ の**ビット列表現**と呼ぶ。一般に，ビット列表現 abc に対応する最小項は，$A^aB^bC^c$ となる。一方，最大項 $\overline{A}+B+\overline{C}$ が 0 となる真理値割り当ては，$ABC=101$ だけである。これ以外の真理値割

り当てでは1となる。同様に，この101を最大項 $\overline{A}+B+\overline{C}$ のビット列表現と呼ぶ。一般に，ビット列表現 abc に対応する最大項は，$A^{\overline{a}}+B^{\overline{b}}+C^{\overline{c}}$ となる。

最小項の論理和で表される論理式を，**主加法標準形**と呼ぶ。例として，**表 1.13** の論理関数 f の主加法標準形を求める。$f(A,B,C)=1$ となるのは，$ABC=010, 011, 101, 110, 111$ である。これらをビット列表現とみなし，対応する最小項を求める。例えば，$ABC=010$ に対する最小項は，$A^0 \cdot B^1 \cdot C^0 = \overline{A} \cdot B \cdot \overline{C}$ である。つぎに示す得られたすべての最小項の論理和が主加法標準形となる。

表 1.13　論理関数 $f(A,B,C)$ の真理値表

A	B	C	f
0	0	0	0
0	0	1	0
0	1	0	1
0	1	1	1
1	0	0	0
1	0	1	1
1	1	0	1
1	1	1	1

$$f(A,B,C)=\overline{A} \cdot B \cdot \overline{C}+\overline{A} \cdot B \cdot C+A \cdot \overline{B} \cdot C+A \cdot B \cdot \overline{C}+A \cdot B \cdot C \tag{1.16}$$

いずれかの最小項の値が1になれば，この論理式の値は1になる。表1.13の真理値表で与えられた論理関数 $f(A,B,C)$ を計算する論理式となる。**図 1.10**（a）の回路図のように，各最小項にANDゲートを用い，すべてのANDゲートの出力の論理和をORゲートで求める組み合わせ回路で，この論理関数 $f(A,B,C)$

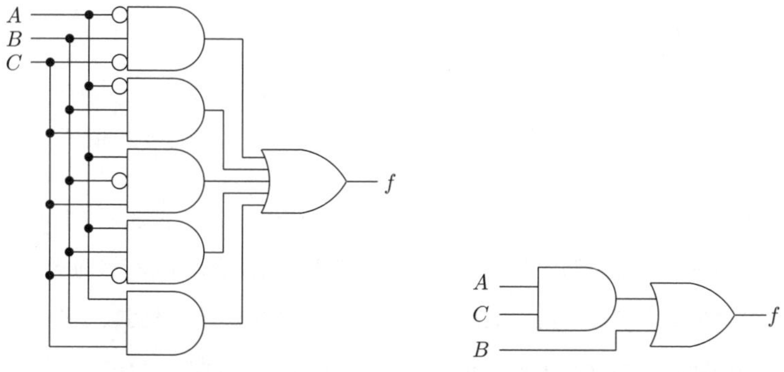

（a）　主加法標準形　　（b）　簡単化した積和形

図 1.10　主加法標準形と簡単化した積和形による組み合わせ回路

の計算ができる。図 (b) は図 (a) を簡単化した等価な組み合わせ回路であるが，この回路の求め方については 1.2.2 項で説明する。

最大項の論理積で表される論理式を，**主乗法標準形**と呼ぶ。主乗法標準形を求めるには，0 となる真理値割り当てに注目する。例えば，表 1.13 で $f(A,B,C)=0$ となるのは，$ABC = 000, 001, 100$ である。これらをビット列表現とみなし，対応する最大項を求める。例えば，$ABC = 001$ の場合，$A + B + \overline{C}$ である。つぎに示す得られたすべての最大項の論理積が主乗法標準形である。

$$f(A,B,C) = (A+B+C)\cdot(A+B+\overline{C})\cdot(\overline{A}+B+C) \qquad (1.17)$$

いずれかの最大項の値が 0 になれば，この論理式の値が 0 になることから，表 1.13 の $f(A,B,C)$ を正しく計算することは明らかである。**図 1.11** (a) の回路図のように，各最大項に OR ゲートを用い，すべての OR ゲートの出力の論理積を AND ゲートで求める組み合わせ回路で，この論理関数 $f(A,B,C)$ の計算ができる。図 (b) は，図 (a) を簡単化した等価な組み合わせ回路であり，求め方については 1.2.2 項で説明する。

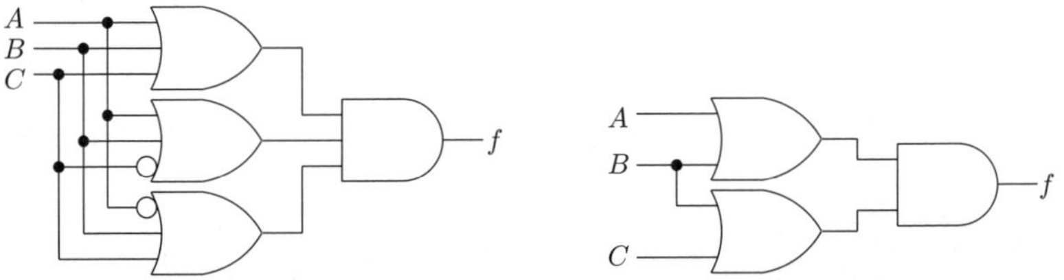

(a) 主乗法標準形　　(b) 簡単化した和積形

図 1.11　主乗法標準形と簡単化した和積形による組み合わせ回路

一般の n 個の変数 $A_0, A_1, \cdots, A_{n-1}$ の場合について，主加法標準形と主乗法標準形の求め方を説明する。とり得る真理値の組み合わせは 2^n 通りである。n 変数の真理値表が表す論理関数を f とする。すると，論理関数 f の 2^n 通りの真理値の組み合わせを用いて**表 1.14** の真理値表で表すことができる。

表 1.14 の真理値表が与えられたときに，主加法標準形はつぎのように表さ

表 1.14　n 変数の真理値表

A_0	A_1	$\cdots$	A_{n-1}	$f(A_0, A_1, \cdots, A_{n-1})$
0	0	$\cdots$	0	$f(0, 0, \cdots, 0)$
1	0	$\cdots$	0	$f(1, 0, \cdots, 0)$
0	1	$\cdots$	0	$f(0, 1, \cdots, 0)$
1	1	$\cdots$	0	$f(1, 1, \cdots, 0)$
$\vdots$	$\vdots$		$\vdots$	$\vdots$
1	1	$\cdots$	1	$f(1, 1, \cdots, 1)$

れる。

$$
\begin{aligned}
&f(A_0, A_1, \cdots, A_{n-1})\\
&= f(0,0,\cdots,0)\cdot\overline{A_0}\cdot\overline{A_1}\cdots\overline{A_{n-1}} + f(1,0,\cdots,0)\cdot A_0\cdot\overline{A_1}\cdots\overline{A_{n-1}}\\
&\quad + f(0,1,\cdots,0)\cdot\overline{A_0}\cdot A_1\cdots\overline{A_{n-1}} + f(1,1,\cdots,0)\cdot A_0\cdot A_1\cdots\overline{A_{n-1}}\\
&\quad + \cdots + f(1,1,\cdots,1)\cdot A_0\cdot A_1\cdots A_{n-1}\\
&= \sum f(a_0, a_1, \cdots, a_{n-1})\cdot A_0^{a_0}\cdot A_1^{a_1}\cdots A_{n-1}^{a_{n-1}} \qquad (1.18)
\end{aligned}
$$

ここで，$\sum$ は $a_0, a_1, \cdots, a_{n-1}$ に対する 2^n 通りの 0 と 1 の割り当てについての論理和を表している。$f(a_0, a_1, \cdots, a_{n-1}) = 0$ のとき，$0 \cdot A_0^{a_0} \cdot A_1^{a_1} \cdots A_{n-1}^{a_{n-1}} = 0$ なので，最小項 $A_0^{a_0} \cdot A_1^{a_1} \cdots A_{n-1}^{a_{n-1}}$ は主加法標準形から削除される。一方，$f(a_0, a_1, \cdots, a_{n-1}) = 1$ のとき，この最小項は $1 \cdot A_0^{a_0} \cdot A_1^{a_1} \cdots A_{n-1}^{a_{n-1}} = A_0^{a_0} \cdot A_1^{a_1} \cdots A_{n-1}^{a_{n-1}}$ なので，主加法標準形に残ることになる。

同様に，主乗法標準形は，つぎのように表される。

$$
\begin{aligned}
&f(A_0, A_1, \cdots, A_{n-1})\\
&= (f(0,0,\cdots,0) + A_0 + A_1 + \cdots + A_{n-1})\\
&\quad \cdot (f(1,0,\cdots,0) + \overline{A_0} + A_1 + \cdots + A_{n-1})\\
&\quad \cdot (f(0,1,\cdots,0) + A_0 + \overline{A_1} + \cdots + A_{n-1})\\
&\quad \cdot (f(1,1,\cdots,0) + \overline{A_0} + \overline{A_1} + \cdots + A_{n-1})\\
&\quad \cdots (f(1,1,\cdots,1) + \overline{A_0} + \overline{A_1} + \cdots + \overline{A_{n-1}})
\end{aligned}
$$

$$= \prod (f(a_0, a_1, \cdots, a_{n-1}) + A_0{}^{\overline{a_0}} + A_1{}^{\overline{a_1}} + \cdots + A_{n-1}{}^{\overline{a_{n-1}}}) \tag{1.19}$$

ここで，$\prod$ は $a_0, a_1, \cdots, a_{n-1}$ に対する 2^n 通りの 0 と 1 の割り当てについての論理積を表している。同様に，$f(a_0, a_1, \cdots, a_{n-1}) = 1$ のとき，$1 + A_0^{\overline{a_0}} + A_1^{\overline{a_1}} + \cdots + A_{n-1}^{\overline{a_{n-1}}} = 1$ なので，この最大項は主乗法標準形から削除される。また，$f(a_0, a_1, \cdots, a_{n-1}) = 0$ のとき，$0 + A_0^{\overline{a_0}} + A_1^{\overline{a_1}} + \cdots + A_{n-1}^{\overline{a_{n-1}}} = A_0^{\overline{A_0}} + A_1^{\overline{a_1}} + \cdots + A_{n-1}^{\overline{a_{n-1}}}$ なので，この最大項は主乗法標準形に残る。

論理関数を表す論理式は，何通りも存在する。例えば，式 (1.4) と式 (1.5) の二つの論理式 $f(A, B, C) = \overline{A \cdot B} + C$ と $g(A, B, C) = \overline{A \cdot B \cdot \overline{C}}$ は同じ論理関数である。一方，その主加法標準形に含まれる最小項の集合は 1 通りだけである。よって，論理関数の主加法標準形は一意に決まるので，**標準形**と呼ばれる。同様に，論理関数の主乗法標準形も一意に決まる。

積項の論理和で表される論理式を**積和形**，和項の論理積で表されるものを**和積形**と呼ぶ。例えば，3 変数 A，B，C の論理式 $A \cdot B + \overline{B} \cdot A + \overline{A} \cdot \overline{B} \cdot \overline{C}$ は積和形であり，$(A + B) \cdot (\overline{B} + C) \cdot (\overline{A} + \overline{B} + \overline{C})$ は和積形である。ここで，主加法標準形も積和形であり，主乗法標準形も和積形であることに注意せよ。一般に，論理関数を表す積和形と和積形は一意に定まらず，何通りも存在する。

1.2.2 論理演算の基本法則を用いた論理式の簡単化

主加法標準形の論理式は，その論理関数の真理値表の 1 の個数と同じだけの最小項を必要とする。さらに，各最小項は変数の個数のリテラルを含んでいる。主加法標準形の論理式は，図 1.10 に示したとおり，積項を AND ゲート，論理和を OR ゲートに置き換えることにより，その論理式を計算する組み合わせ回路が得られる。変数の個数を n とすると，n 入力の AND ゲートを用いるので，その大きさは $n - 1$ である。真理値表の 1 の個数を m とすると，この AND ゲートが m 個必要であり，またそれらの論理和を求めるのに m 入力の OR ゲートを 1 個用いる。よって，主加法標準形の論理式をもとに組み合わせ回路をつくると，その大きさは，$m(n-1)+m-1=mn-1$ となる。主乗法標準形の場合は，真理値表の 0 の個数を m とすると，同様に組み合わせ回路の大きさは $mn-1$ となる。

この大きさを小さくするために，主加法標準形を変形し，含むリテラルの個数がより少なく，また積項の個数がより少ない等価な積和形を求める。そのために論理演算の基本法則を用いる。具体例として，表 1.13 の真理値表で表される論理関数 $f(A,B,C)$ の主加法標準形の論理式を，より簡単な積和形に変形する。

$$f(A,B,C) \\ = \overline{A}\cdot B\cdot\overline{C}+\overline{A}\cdot B\cdot C+A\cdot\overline{B}\cdot C+A\cdot B\cdot\overline{C}+A\cdot B\cdot C \tag{1.20}$$

まず，3 組の最小項（重複あり）を取り出し，論理演算の基本法則を用いると，つぎのように簡単化できる。

$$\overline{A}\cdot B\cdot\overline{C}+\overline{A}\cdot B\cdot C=\overline{A}\cdot B\cdot(\overline{C}+C)=\overline{A}\cdot B\cdot 1=\overline{A}\cdot B \tag{1.21}$$

$$A\cdot B\cdot\overline{C}+A\cdot B\cdot C=A\cdot B\cdot(\overline{C}+C)=A\cdot B\cdot 1=A\cdot B \tag{1.22}$$

$$A\cdot\overline{B}\cdot C+A\cdot B\cdot C=A\cdot(\overline{B}+B)\cdot C=A\cdot 1\cdot C=A\cdot C \tag{1.23}$$

さらに，最初の二つの積項は，同様につぎのように簡単化できる。

$$\overline{A}\cdot B+A\cdot B=(\overline{A}+A)\cdot B=1\cdot B=B \tag{1.24}$$

したがって，論理関数 $f(A,B,C)$ はつぎの積和形で表すことができる。

$$f(A,B,C)=A\cdot C+B \tag{1.25}$$

積和形の式が求められれば，基本ゲート回路を用いてその論理関数を計算する組み合わせ回路を設計することができる。図 1.10 (b) は，この積和形の論理式をもとにした組み合わせ回路であり，2 個の 2 入力ゲートを用いるので，大きさは 2 である。一方，式 (1.20) の主加法標準形の論理式をもとにした組み合わせ回路の大きさは，$5 \cdot 3 - 1 = 14$ であり，簡単化した積和形の論理式により，大きさが大幅に小さくなっている。

同様の方法で，表 1.13 の真理値表で表される論理関数 $f(A,B,C)$ の主乗法標準形の論理式を，より簡単な和積形に変形する。

$$f(A,B,C) = (A+B+C) \cdot (A+B+\overline{C}) \cdot (\overline{A}+B+C) \tag{1.26}$$

2 組の最大項（重複あり）に対して，分配法則，補元，単位元を用いてつぎのように簡単化できる。

$$\begin{aligned}&(A+B+C) \cdot (A+B+\overline{C})\\&\quad = A+B+(C \cdot \overline{C}) = A+B+0 = A+B\end{aligned} \tag{1.27}$$

$$\begin{aligned}&(A+B+C) \cdot (\overline{A}+B+C)\\&\quad = A \cdot \overline{A}+B+C = 0+B+C = B+C\end{aligned} \tag{1.28}$$

したがって，論理関数 $f(A,B,C)$ はつぎの和積形で表すことができる。

$$f(A,B,C) = (A+B) \cdot (B+C) \tag{1.29}$$

図 1.11 (b) は，この和積形の論理式をもとにした組み合わせ回路であり，大きさは 3 である。一方，式 (1.26) の主乗法標準形をもとにした組み合わせ回路の大きさは $3 \cdot 3 - 1 = 8$ である。

積和形の論理式が m 個の積項を持ち，それらが $n_0, n_1, \cdots, n_{m-1}$ 個のリテラルから構成される場合，その論理式をもとにした組み合わせ回路は m 入力の OR ゲートと n_i 入力（$i = 0, 1, \cdots, m-1$）の AND ゲートを持つ。よって，その大きさはつぎのようになる。

$$(m-1) + \sum_{i=0}^{m-1}(n_i - 1) = \sum_{i=0}^{m-1} n_i - 1 \tag{1.30}$$

つまり，総リテラル数から 1 引いた値が組み合わせ回路の大きさとなる。和積形の場合も同様である。

論理変数の数が少なく，論理式が簡単であれば，このような論理演算の基本法則を用いた簡単化も容易である。しかし，複雑になると，どの二つの項をまとめるかという選択が難しくなり，簡単化が煩雑になる。そこで，次項で説明するカルノー図を用いれば，論理式の簡単化が容易に行える。

1.2.3　カ ル ノ ー 図

カルノー図とは論理関数の真理値表を変形したものである。**図 1.12** は 2 変数（A，B），3 変数（A，B，C），4 変数（A，B，C，D）のカルノー図の例である。真理値表と同様に，カルノー図の各要素は変数の真理値割り当てに対応し，0 または 1 の真理値が定められており，論理関数を表している。例えば，3 変数のカルノー図は，表 1.13 の真理値表と同じ論理関数を表している。3 変数，4 変数では，横方向に 00，01，11，10 の順に 2 変数の真理値が書かれていることに注意せよ。隣り合った 2 変数の真理値が 1 か所だけ異なるようにするために，あえてこのような順になっている。4 変数の場合の縦方向も，同じ理由で，00，01，11，10 の順となる。

A \ B	0	1
0	0	1
1	1	1

（a）　2 変数

A \ BC	00	01	11	10
0	0	0	1	1
1	0	1	1	1

（b）　3 変数

AB \ CD	00	01	11	10
00	0	1	1	0
01	0	1	1	1
11	0	1	1	0
10	1	1	1	1

（c）　4 変数

図 1.12　2 変数，3 変数，および 4 変数のカルノー図の例

カルノー図の要素を囲む矩形は，ビット列表現に対応する。ただし，矩形の 1 辺の長さは 2 のべき，つまり，4 変数の場合は，1，2，4 のいずれかである必要があり，長さ 3 をとることはできない。4 変数の場合について，**図 1.13** のカ

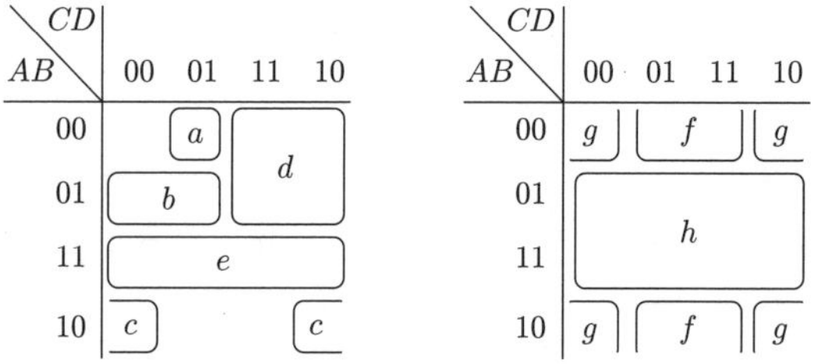

図 1.13　4 変数のカルノー図と矩形

ルノー図を用いて説明する。このカルノー図の矩形 a は四つの変数に対する真理値割り当て $ABCD=0001$ に対応し，さらに，ビット列表現 0001 とその最小項 $\overline{A}\cdot\overline{B}\cdot\overline{C}\cdot D$ に対応する。b は隣接した真理値割り当て 0100 と 0101 から構成される。D は 0 と 1 の両方の真理値をとるので，この矩形のビット列表現を 010∗ と書くことにする。この矩形 b が表す積項は，つぎのようになる。

$$\overline{A}\cdot B\cdot\overline{C}\cdot\overline{D}+\overline{A}\cdot B\cdot\overline{C}\cdot D=\overline{A}\cdot B\cdot\overline{C} \tag{1.31}$$

つまり，ビット列表現において，0 は否定のリテラル，1 は肯定のリテラル，∗ は不要なリテラルとしたものが対応する積項となる。積項 $\overline{A}\cdot B\cdot\overline{C}$ が 1 となる真理値割り当ては，b の矩形領域と一致する。c は左下隅の 1000 と右下隅 1010 である。このようにカルノー図の左端と右端も隣接していると考える。同様に上端と下端も隣接しているとみなす。変数 C は 0 と 1 の値をとるので，ビット列表現は 10∗0 であり，対応する積項は，$A\cdot\overline{B}\cdot\overline{D}$ となる。d のビット列表現は 0∗1∗ であり，対応する積項は，$\overline{A}\cdot C$ となる。ほかの矩形も同様にビット列表現と積項を求めることができる。ここで，g は 4 隅を要素とする大きさ 2×2 の矩形領域であることに注意せよ。**表 1.15** は，各矩形に対するビット列表現と積項を示す。

ビット列表現を和項に対応させることもできる。図 1.13 の矩形 a のビット列表現 0001 は，和項 $A+B+C+\overline{D}$ に対応する。この和項は，ビット列表現の真理値割り当てのときに 0 となる。同様に，矩形に対しても対応する和項を求められる。例えば，b のビット列表現 010∗ は，和項 $A+\overline{B}+C$ に対応する。つ

表 1.15　図 1.13 のカルノー図の各矩形のビット列表現，および対応する積項と和項

矩　形	ビット列表現	積　項	和　項
a	0001	$\overline{A}\cdot\overline{B}\cdot\overline{C}\cdot D$	$A+B+C+\overline{D}$
b	010$*$	$\overline{A}\cdot B\cdot\overline{C}$	$A+\overline{B}+C$
c	10$*$0	$A\cdot\overline{B}\cdot\overline{D}$	$\overline{A}+B+D$
d	0$*$1$*$	$\overline{A}\cdot C$	$A+\overline{C}$
e	11$**$	$A\cdot B$	$\overline{A}+\overline{B}$
f	$*$0$*$1	$\overline{B}\cdot D$	$B+\overline{D}$
g	$*$0$*$0	$\overline{B}\cdot\overline{D}$	$B+D$
h	$*$1$**$	B	$\overline{B}$

まり，ビット列表現 010$*$ に対して，0 のときは肯定のリテラル，1 のときは否定のリテラル，$*$は不要なリテラルとしたものが対応する和項になる。表 1.15 は，各矩形領域に対する和項も示している。

1.2.4　カルノー図を用いた論理式の簡単化

積和形の論理式をもとにつくった組み合わせ回路の大きさは，リテラルの総数から 1 引いたものになるので，リテラルの総数が最小となる積和形の論理式が望ましい。カルノー図を用いれば，そのような積和形の論理式を求めることができる。まず，真理値が 1 である要素をちょうど覆うことができる矩形の集合を求める。それぞれの矩形に対応する積項の論理和が，その論理関数を表す積和形の論理式となる。その論理式をなるべく簡単にするには，矩形の個数を減らし（積項の数を減らす），かつ矩形の大きさを大きく（リテラルを少なく）すればよい。

図 1.14 はカルノー図で表された論理関数である。三つの矩形によりすべて

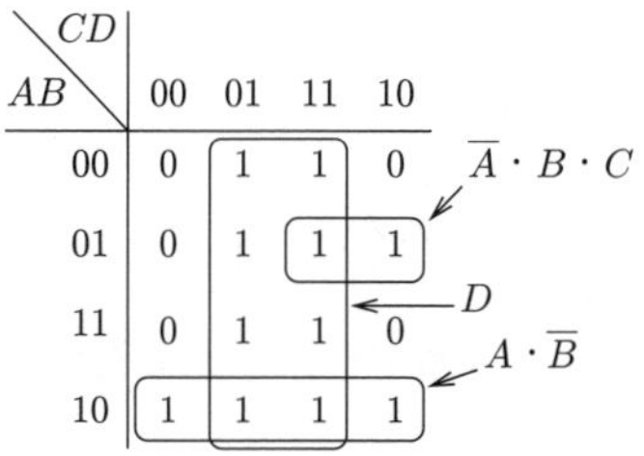

図 1.14　カルノー図と矩形

の 1 を覆っている。また，これより少ない数の矩形や，より大きい矩形で覆うことはできない。各矩形に対する積項の論理和 $A\cdot\overline{B}+\overline{A}\cdot B\cdot C+D$ がこの論理関数を表す最も簡単な積和形の式となる。

つぎに，なるべく少ない個数の矩形ですべての 1 である要素を覆う矩形の選定方法を説明する。このような最小個数の矩形（積項）の集合を**最小覆い**と呼ぶ。二つの積項 a と b において，a に対応する矩形が b に対応する矩形を含んでいるとき，「積項 a が b を覆う」という。例えば，$a=B$，$b=B\cdot\overline{C}$，$c=B\cdot\overline{C}\cdot D$，$d=\overline{A}\cdot B\cdot\overline{C}\cdot D$ とする。**図 1.15** から，カルノー図上で，a は b，c，d を覆い，b は c，d を覆い，c は d を覆うことがわかる。覆う積項は覆われる積項よりリテラルの個数が必ず少なくなる。ほかの積項に覆われることのない積項を**主項**と呼ぶ。すべての主項の論理和により論理関数を表すことができる。しかし，不要な主項もあるので，そのような主項は削除する。そのため，まず，絶対に必要な項である**必須項**を求め，必須項で覆われない要素を覆う主項を必要最低限だけ追加すれば，最小覆いを求めることができる。

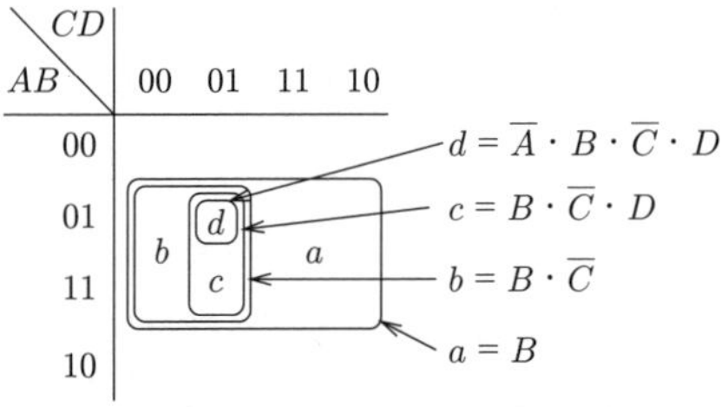

図 1.15　カルノー図上での積項の覆い

以上をまとめると，最小覆いは，つぎの三つのステップで見つけることができる。

ステップ 1：主項をすべて求める。

ステップ 2：主項の中から必須項をすべて求める。

ステップ 3：必須項でない主項の中から追加すべき必要最低限の主項を求める。

必須項と追加すべき主項が最小覆いとなり，その最小覆いに含まれる積項の論理和が最も簡単な積和形の論理式となる。図 1.14 では，三つの主項がすべて必須項になっていて，それらですべての 1 が覆われているので，これら三つの主項が最小覆いとなる。**図 1.16** では，五つの主項 a，b，c，d，e が存在する。カルノー図において 1 である要素 $ABCD = 0100$ を覆うのは $a = \overline{A} \cdot B \cdot \overline{C}$ だけであり，1010 を覆うのは $e = A \cdot \overline{B} \cdot C$ だけである。よって，a と e が必須項であるが，b，c，d は必須項ではない。必須項である a と e に覆われないのは，1101 と 1111 なので，これらを覆う主項の集合を求めればよい。これを覆うためには，$c = A \cdot B \cdot D$ があればよい。よって，c だけを追加して，最小覆いは，a，c，e となり，最も簡単な積和形の式は，$\overline{A} \cdot B \cdot \overline{C} + A \cdot B \cdot D + A \cdot \overline{B} \cdot C$ となる。

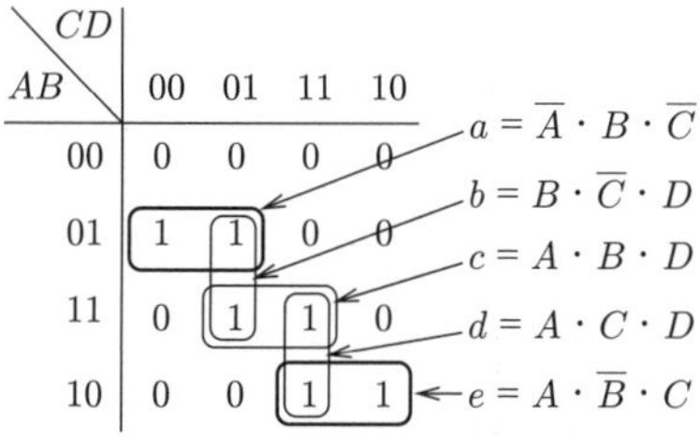

図 1.16　積和形の主項と必須項

最小覆いは，一意に定まるとは限らず，複数通り存在する場合がある。**図 1.17** は，3 通りある例である。この図の場合，六つの主項のうち，0101 を覆う a と，0110 を覆う f が必須項となる。これらにより覆われていないのは，1001，1011，1010 である。これらを覆うためには，b と d，c と d，もしくは c と e の 3 通りの主項の選び方が存在する。よって，最小覆いは，a，b，d，f と a，c，d，f，および a，c，e，f の 3 通り存在し，つぎの三つが最も簡単な積和形の論理式となる。

$$B \cdot \overline{C} \cdot D + A \cdot \overline{C} \cdot D + A \cdot \overline{B} \cdot C + B \cdot C \cdot \overline{D} \tag{1.32}$$

$$B \cdot \overline{C} \cdot D + A \cdot \overline{B} \cdot D + A \cdot \overline{B} \cdot C + B \cdot C \cdot \overline{D} \tag{1.33}$$

$$B \cdot \overline{C} \cdot D + A \cdot \overline{B} \cdot D + A \cdot C \cdot \overline{D} + B \cdot C \cdot \overline{D} \tag{1.34}$$

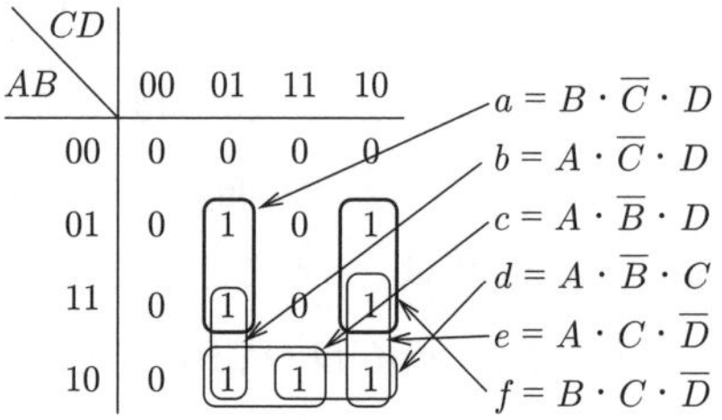

（a） 積和形の主項と必須項

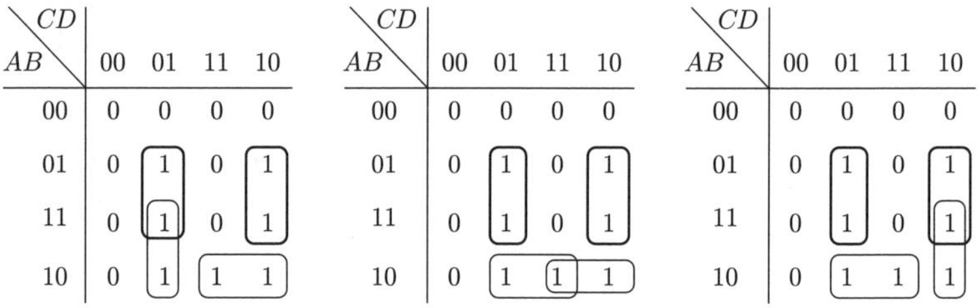

（b） 最小覆い a, b, d, f　（c） 最小覆い a, c, d, f　（d） 最小覆い a, c, e, f

図 1.17　3 通りの最小覆い

最も簡単な積和形を求める方法について示したが，最も簡単な和積形も同様に求められる。和積形を求める場合，最も少ない矩形でカルノー図上のすべての 0 を覆う最小覆いを求めればよい。まず，積項と同様に，和項においても覆う関係を定義する。例えば，図 1.15 の各矩形を和項とみなすと，$c = \overline{B} + C + \overline{D}$ は $d = A + \overline{B} + C + \overline{D}$ を覆っている。この和項の覆いの関係にもとづいて，最小覆いを求めればよい。具体的に**図 1.18** を例に，最小覆いの求め方を説明す

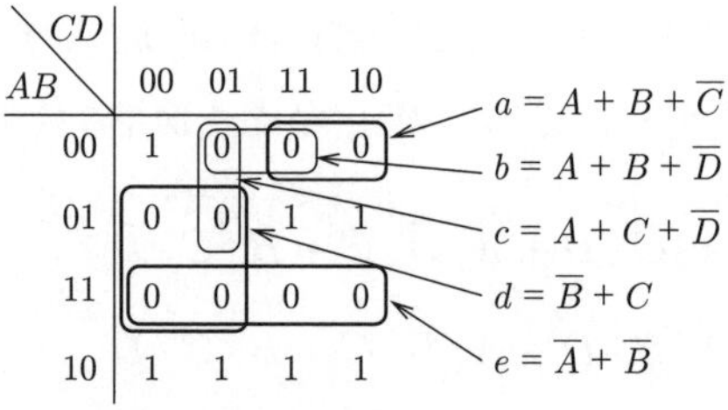

図 1.18　和積形の主項と必須項

る。まず，0を覆う矩形の中で，ほかの矩形に覆われることのない矩形である主項を選ぶ。図では，五つの主項 a，b，c，d，e が存在する。そのうち，a，d，e は，ほかの主項に覆われていない0である要素を覆っているので，必須項である。三つの必須項のいずれにも覆われていない要素 $ABCD = 0001$ を覆う必要があるが，b と c のうちどちらを選んでも覆うことができる。よって，a，b，d，e と a，c，d，e の両方が最小覆いとなり，つぎの二つの論理式が最も簡単な和積形となる。

$$(A+B+\overline{C})\cdot(A+B+\overline{D})\cdot(\overline{B}+C)\cdot(\overline{A}+\overline{B}) \tag{1.35}$$

$$(A+B+\overline{C})\cdot(A+C+\overline{D})\cdot(\overline{B}+C)\cdot(\overline{A}+\overline{B}) \tag{1.36}$$

1.2.5 禁止入力付き論理関数とカルノー図

これまでに説明してきた真理値表やカルノー図の各要素は，0（偽）または1（真）のいずれかの真理値をとった。**禁止入力**とは，0と1の真理値に加えて禁止を意味する値 × をとる。この値 × は，0または1のいずれの値をとってもよいということを意味する。その意味で，禁止入力は**ドントケア入力**（don't care：気にしない）や**任意入力**とも呼ばれる。値 × に対応する入力を与えてしまうと，0と1のどちらが出力されるかが保証されない。よって，組み合わせ回路の利用者にとっては，そのような入力をしてはいけないという意味で禁止入力と呼ぶ。一方，組み合わせ回路の設計者にとっては，禁止入力に対しては，0と1のどちらを出力しても構わないので，ドントケア入力や任意入力と呼ぶ。

禁止入力を含む真理値表やカルノー図が与えられて，その論理関数を表す積和形の論理式を求める場合，なるべく論理式が簡単になるように，禁止入力の値を0または1に自由に決めてよい。そこで，すべての禁止入力を1とみなして主項を求める。そして，必須項を求めるときには，禁止入力は0，つまり，禁止入力は必須でなく，覆う必要がないと考える。そうすれば，禁止入力がない場合と同じ手順で最小覆いを求めることができる。具体例として，**図 1.19** を用いて，最小覆いの求め方を説明する。すべての禁止入力 × を1とみなすと，

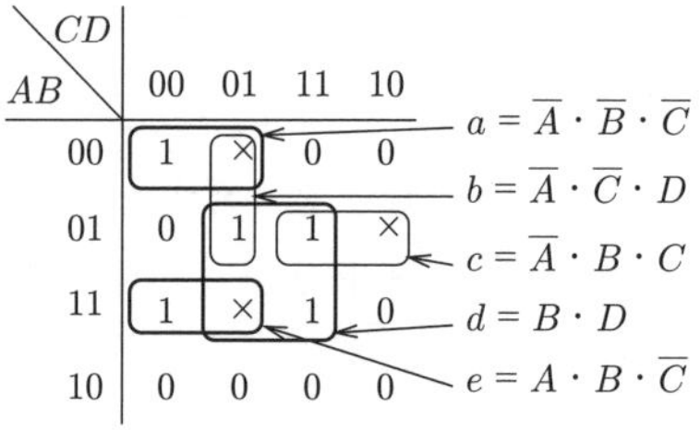

図 1.19　禁止入力のあるカルノー図と積項

ほかの矩形に覆われない矩形に対応する主項は，a，b，c，d，e の五つとなる。このうち必須項は，a，d，e の三つであり，この必須項ですべての 1 が覆われている。主項 c が含む $ABCD = 0110$ は禁止入力 × なので覆う必要がない。よって最小覆いは，a，d，e であり，最も簡単な積和形の論理式はつぎのようになる。

$$\overline{A} \cdot \overline{B} \cdot \overline{C} + B \cdot D + A \cdot B \cdot \overline{C} \tag{1.37}$$

禁止入力のあるカルノー図に対して，最も簡単な和積形を求めることも同様にできる。**図 1.20** は，図 1.19 と同じカルノー図であるが，このカルノー図に対して，最も簡単な和積形を求める。禁止入力 × を 0 とみなして主項を求めると，a，b，c，d，e，f の六つになる。このうち，必須項は，c，d，f の三つである。必須項で覆われていない 0 は $ABCD = 0011$ である。これを覆うには，a または b を追加すればよい。よって，最小覆いは，a，c，d，f と b，c，d，f となる。よって，最も簡単な和積形の論理式は，つぎの二つとなる。

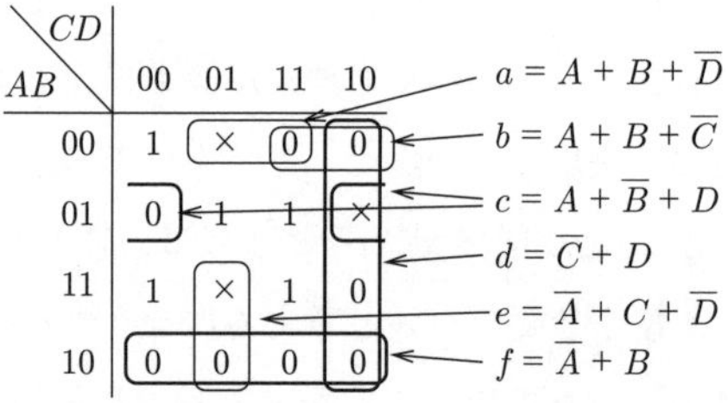

図 1.20　禁止入力のあるカルノー図と和項

$$(A + B + \overline{D}) \cdot (A + \overline{B} + D) \cdot (\overline{C} + D) \cdot (\overline{A} + B) \tag{1.38}$$

$$(A + B + \overline{C}) \cdot (A + \overline{B} + D) \cdot (\overline{C} + D) \cdot (\overline{A} + B) \tag{1.39}$$

1.2.6 7 セグメントデコーダ回路

禁止入力のある組み合わせ回路の具体例として，**7 セグメントデコーダ回路**を設計する。**7 セグメントディスプレイ**は，0 から 9 の数字の表示装置であり，7 個の発光 LED で構成される（**図 1.21**）。7 個の LED は a，b，c，d，e，f，g と表され，それぞれに対応する 7 個の入力がある。入力 a が 1 のとき，LED a が点灯し，0 のとき消灯する。この 7 セグメントディスプレイを制御するのが 7 セグメントデコーダ回路である。7 セグメントデコーダ回路は，4 個の入力 A，B，C，D と 7 個の出力 a，b，c，d，e，f，g を持つ。出力はそのまま 7 セグメントディスプレイに接続される。そして，入力 $ABCD$ を 2 進数（2 進数について，詳しくは 2.1 節参照）とみなして，その値に対応する 0 から 9 の数字を 7 セグメントディスプレイが表示するように，7 個の出力に 0 または 1 を出力する。例えば，$ABCD = 0111$ のときは，数字の 7 を表示するので，出力 a，b，c が 1 となり，それ以外は 0 となる。$ABCD$ の値が 9 を超えることはなく，もし超えた場合は，各出力は 0 でも 1 でもよい。**表 1.16** は，以上を踏まえて作成した真理値表である。$ABCD$ が 1010 以上の場合は，禁止入力で値 × をとる。

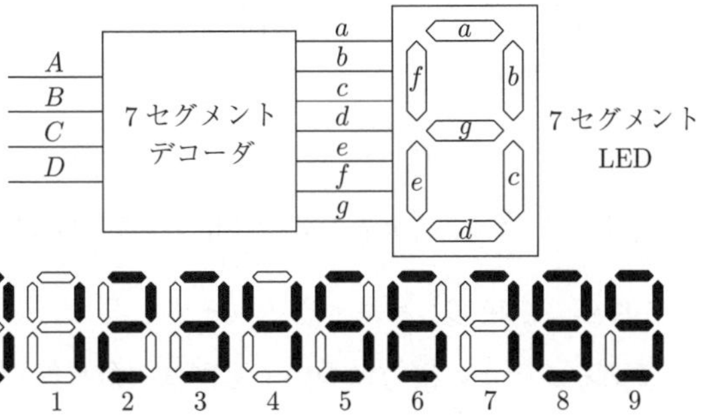

図 1.21　7 セグメントディスプレイと 7 セグメントデコーダ

表 1.16　7 セグメントデコーダの真理値表

入　力				出　力							数　字
A	B	C	D	a	b	c	d	e	f	g	
0	0	0	0	1	1	1	1	1	1	0	0
0	0	0	1	0	1	1	0	0	0	0	1
0	0	1	0	1	1	0	1	1	0	1	2
0	0	1	1	1	1	1	1	0	0	1	3
0	1	0	0	0	1	1	0	0	1	1	4
0	1	0	1	1	0	1	1	0	1	1	5
0	1	1	0	1	0	1	1	1	1	1	6
0	1	1	1	1	1	1	0	0	0	0	7
1	0	0	0	1	1	1	1	1	1	1	8
1	0	0	1	1	1	1	1	0	1	1	9
上記以外				×	×	×	×	×	×	×	—

表 1.16 をもとに，出力 a のカルノー図を書くと**図 1.22** となる。図では，積和形と和積形の最小覆いをそれぞれ示している。これらの最小覆いから最も簡単な積和形と和積形をそれぞれ求めることができる。

$$a = A + C + B \cdot D + \overline{B} \cdot \overline{D} \tag{1.40}$$

$$a = (\overline{B} + C + D) \cdot (A + B + C + \overline{D}) \tag{1.41}$$

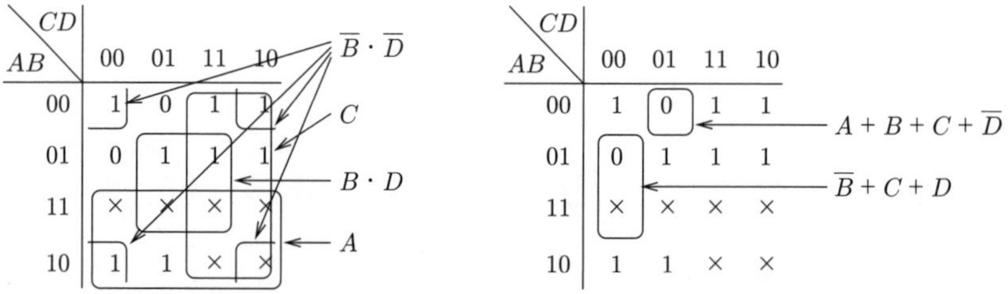

（a）　積和形　　　　（b）　和積形

図 1.22　7 セグメントデコーダの出力 a のカルノー図，および積和形と和積形の最小覆い

図 1.23 は，これらの積和形と和積形をそれぞれもとにして出力 a を求める組み合わせ回路である。ほかの出力についても同様に最も簡単な積和形と和積形を求め，組み合わせ回路を設計することができる。

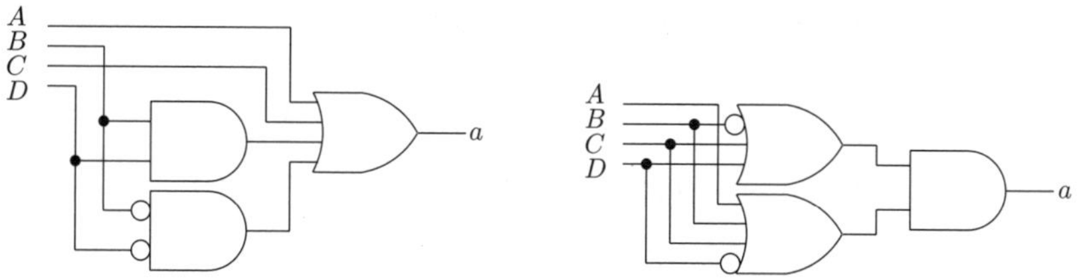

（a） 積和形　　　　（b） 和積形

図 1.23 最も簡単な積和形と和積形をもとにした 7 セグメントデコーダの出力 a を計算する組み合わせ回路

1.2.7 クワイン・マクラスキー法による論理式の簡単化

4 変数までの論理関数に対しては，カルノー図を用いて最も簡単な積和形と和積形を求めることができる。しかし，5 変数以上になると，カルノー図による簡単化は困難になる。そこで，変数の個数に関係なく，決まった手順で最も簡単な積和形を求める**クワイン・マクラスキー法**を説明する。

クワイン・マクラスキー法による簡単化の方法では図を用いないが，簡単化の方法は基本的にカルノー図と同様である。つぎの禁止入力付きの 5 変数論理関数 $f(A,B,C,D,E)$ を例に，最も簡単な積和形の求め方を説明する。

$\boldsymbol{f(A,B,C,D,E)=1}$ **となるビット列表現**

$$V_1 = \{00100, 01110, 10001, 10011, 11010\}$$

$\boldsymbol{f(A,B,C,D,E)=\times}$ **（禁止入力）となるビット列表現**

$$V_\times = \{01101, 01111, 10000, 10010, 11110\}$$

$\boldsymbol{f(A,B,C,D,E)=0}$ **となるビット列表現**

$$V_1 \text{ と } V_\times \text{ 以外すべて}$$

〔1〕 ステップ 1：主項をすべて求める　　禁止入力 $\times$ も 1 とみなして，主項を求める。そのため，まず，$U_1 = V_1 \cup V_\times$ とする。U_1 の中から，1 か所だけ異なるビット列表現の組をすべて求め，その異なる部分を $*$ にしたものを U_2

とする。この U_2 はつぎのように求められる。

$$01110-01111 \to \mathbf{0111*}, \qquad 01111-01101 \to \mathbf{011*1},$$

$$01110-11110 \to \mathbf{*1110}, \qquad 11010-11110 \to \mathbf{11*10},$$

$$11010-10010 \to \mathbf{1*010}, \qquad 10000-10001 \to \mathbf{1000*},$$

$$10000-10010 \to \mathbf{100*0}, \qquad 10001-10011 \to \mathbf{100*1},$$

$$10011-10010 \to \mathbf{1001*}$$

同様に U_2 の中から，1 か所だけ異なるビット列表現の組をすべて求め，異なる部分を$*$にしたものを U_3 とする。

$$1000*-1001* \to \mathbf{100**}$$

同じ手続きを行うことができなくなるまで，つまり，1 か所だけ異なるビット列表現の組が存在しなくなるまで繰り返す。この例の場合，ここで終了となる。

$U_1 \cup U_2 \cup U_3$ の中でほかのビット列表現に覆われないもの，つまり主項だけ残し，ほかのビット列表現に覆われるものは削除する。

$0111*$ に覆われる：01110

$011*1$ に覆われる：$01101, 01111$

$100**$ に覆われる：$10000, 10001, 10010, 10011, 1000*, 100*0, 100*1, 1001*$

削除後に残ったビット列表現が主項に対応し，これらをつぎのように a，b，c，d，e，f，g とする。

$$a = 00100 = \overline{A}\cdot\overline{B}\cdot C\cdot\overline{D}\cdot\overline{E}, \qquad b = 0111* = \overline{A}\cdot B\cdot C\cdot D,$$

$$c = 011*1 = \overline{A}\cdot B\cdot C\cdot E, \qquad d = *1110 = B\cdot C\cdot D\cdot\overline{E},$$

$$e = 11*10 = A\cdot B\cdot D\cdot\overline{E}, \qquad f = 1*010 = A\cdot\overline{C}\cdot D\cdot\overline{E},$$

$$g = 100** = A\cdot\overline{B}\cdot\overline{C}$$

つぎのステップで，これらのうち不要なビット列表現（主項）を削除する。

〔2〕 ステップ 2：主項の中から必要なビット列表現の集合を求める

ビット列表現（主項）a，b，c，d，e，f，g の中から V_1 を覆うことができるビット列表現を求める。便宜上，a，b，c，d，e，f，g を論理変数とみなし，例えば，$a=1$ のときビット列表現 a を選び，$a=0$ のとき選ばないと考えることにする。V_1 の各ビット列表現に対して，それを覆うビット列で和項をつくる。

$$00100: a, \quad 01110: b+d, \quad 10001: g, \quad 10011: g, \quad 11010: e+f$$

例えば，01110 は，b と d で覆われているので，b と d のいずれかが 1 であれば 1 となる和項 $b+d$ がつくられる。

これらの和項がすべて満たされるように，真理値割り当てを求めればよい。ただし，選ばれる論理変数の個数は最小とする。そのために，これらの和項の論理和である和積形の論理式 Y をつくり，分配法則を用いて，展開し，積和形の論理式とする。

$$\begin{aligned} Y &= a \cdot (b+d) \cdot g \cdot g \cdot (e+f) \\ &= a \cdot b \cdot e \cdot g + a \cdot b \cdot f \cdot g + a \cdot d \cdot e \cdot g + a \cdot d \cdot f \cdot g \end{aligned} \tag{1.42}$$

$Y=1$ にするためには，これらの積項のうち一つでも 1 になればよい。例えば，積項 $a \cdot b \cdot e \cdot g$ を選ぶ，つまり，$a=b=e=g=1$ とし，$c=d=f=0$ とすれば，つぎの最も簡単な積和形が得られる。

$$\overline{A} \cdot \overline{B} \cdot C \cdot \overline{D} \cdot \overline{E} + \overline{A} \cdot B \cdot C \cdot D + A \cdot B \cdot D \cdot \overline{E} + A \cdot \overline{B} \cdot \overline{C} \tag{1.43}$$

同様に，$a \cdot d \cdot f \cdot g$ を選ぶと，つぎの最も簡単な積和形が得られる。

$$\overline{A} \cdot \overline{B} \cdot C \cdot \overline{D} \cdot \overline{E} + B \cdot C \cdot D \cdot \overline{E} + A \cdot \overline{C} \cdot D \cdot \overline{E} + A \cdot \overline{B} \cdot \overline{C} \tag{1.44}$$

これら以外に，$a \cdot b \cdot f \cdot g$ と $a \cdot d \cdot e \cdot g$ を選ぶこともできるので，合わせて 4 通りの最も簡単な積和形の論理式が存在する。

1.2.8　5 変数以上のカルノー図

複雑になるが，5 変数以上の論理関数の場合も，カルノー図により最も簡単な積和形を求めることができる。**図 1.24** は 5 変数 A，B，C，D，E のカルノー図の矩形を表している。$E=0$ と $E=1$ の場合に分けて，残りの 4 変数 A，B，C，D のカルノー図となっている。各矩形のビット列表現と，対応する積項と和項を**表 1.17** に示す。$E=0$ と $E=1$ のカルノー図において，同じ大きさ同じ位置の矩形は合わせて一つの矩形とみなす。そして，その矩形のビット列表現において，E に対応するビットは $*$ となり，ほかのビットは，片方のカルノー図のビット列表現をそのまま用いる。例えば，c は $E=0$ と $E=1$ の同じ位置の 1 要素からなる矩形で，片方のカルノー図だけを見た場合のビット列表現は 0110 である。よって，c に対応するビット列表現は 0110$*$ となる。また，f は $E=0$ と $E=1$ の両方の同じ位置にある 2×2 の矩形であり，対応するビット列表現は $*1*1*$ である。

図 1.25 は，1.2.7 項で扱った 5 変数論理関数のカルノー図である。図では，

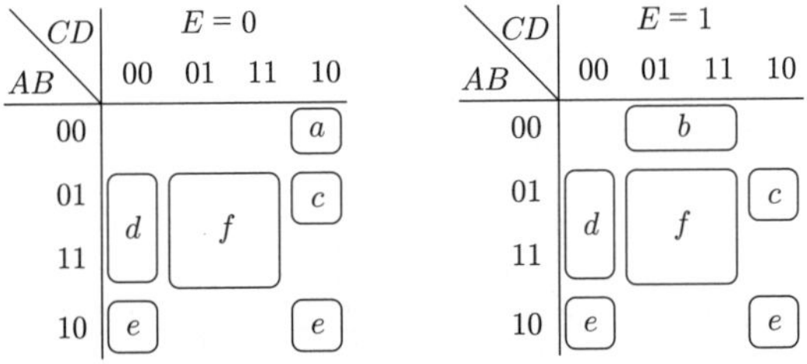

図 1.24　5 変数のカルノー図の矩形

表 1.17　図 1.24 のカルノー図の各矩形のビット列表現，および対応する積項と和項

矩形領域	ビット列表現	積　項	和　項
a	00100	$\overline{A}\cdot\overline{B}\cdot C\cdot\overline{D}\cdot\overline{E}$	$A+B+\overline{C}+D+E$
b	00$*$11	$\overline{A}\cdot\overline{B}\cdot D\cdot E$	$A+B+\overline{D}+\overline{E}$
c	0110$*$	$\overline{A}\cdot B\cdot C\cdot\overline{D}$	$A+\overline{B}+\overline{C}+D$
d	$*$100$*$	$B\cdot\overline{C}\cdot\overline{D}$	$\overline{B}+C+D$
e	10$*$0$*$	$A\cdot\overline{B}\cdot\overline{D}$	$\overline{A}+B+D$
f	$*$1$*$1$*$	$B\cdot D$	$\overline{B}+\overline{D}$

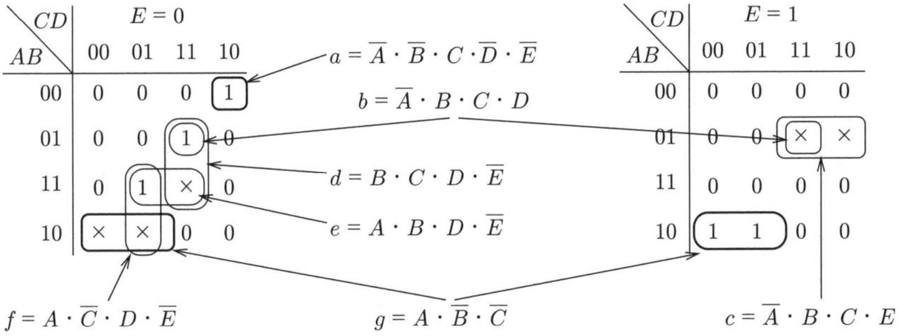

図 1.25　5 変数のカルノー図

すべての主項を示している。うち，$a=\overline{A}\cdot\overline{B}\cdot C\cdot\overline{D}\cdot\overline{E}$ と $g=A\cdot\overline{B}\cdot\overline{C}$ は必須項であり，c は禁止入力 × のみ覆うので不要である。残りの四つの主項のうち，b または d のいずれかと，e または f のいずれかを選べばよいことがわかる。

同様の方法で 4 変数のカルノー図を四つ並べて書くことにより，6 変数の最も簡単な積和形の論理式を求めることが可能である。7 変数以上の場合は複雑すぎるので，カルノー図を用いるのは現実的ではない。クワイン・マクラスキー法を使うべきである。

1.2.9　NAND ゲートだけ，もしくは NOR ゲートだけを用いた組み合わせ回路

論理関数が真理値の形で与えられたときに，カルノー図やクワイン・マクラスキー法を用いて，積和形や和積形の論理式を求められることを示した。さらに，積和形や和積形の論理式からその論理式を計算する組み合わせ回路を NOT ゲート，AND ゲート，OR ゲートを用いて設計できることを示した。ここでは，NAND ゲートだけ，もしくは NOR ゲートだけ用いた組み合わせ回路でも設計可能であることを具体例を用いて説明する。NOT ゲートは 1 入力 NAND ゲートや 1 入力 NOR ゲートとみなすことができるので，これらの設計の際には，NOT ゲートを用いることも認めるものとする。

ド・モルガンの法則 $\overline{A\cdot B}=\overline{A}+\overline{B}$ とその他の基本法則を用いると，つぎの関係が成り立つ。

$$\overline{\overline{A}\cdot\overline{B}\cdot\overline{C}}$$

$$= \overline{\overline{A}\cdot(\overline{B}\cdot\overline{C})} = \overline{\overline{A}} + \overline{\overline{B}\cdot\overline{C}} = A + \overline{\overline{B}} + \overline{\overline{C}} = A + B + C \quad (1.45)$$

同様に，ド・モルガンの法則 $\overline{A+B} = \overline{A}\cdot\overline{B}$ より，つぎの関係が成り立つ。

$$\overline{\overline{A}+\overline{B}+\overline{C}}$$

$$= \overline{\overline{A}+(\overline{B}+\overline{C})} = \overline{\overline{A}}\cdot\overline{\overline{B}+\overline{C}} = A\cdot\overline{\overline{B}}\cdot\overline{\overline{C}} = A\cdot B\cdot C \quad (1.46)$$

図 1.26 は，これらの関係を論理回路で示している。3 入力の OR ゲートと等価な論理回路が NAND ゲートと NOT ゲートでつくることができ，3 入力の AND ゲートと等価な論理回路が NOR ゲートと NOT ゲートでつくることができることがわかる。また，このような性質は 3 入力に限らず，2 入力以上の任意の入力数で成り立つことは明らかである。

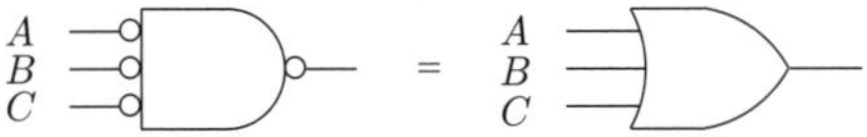

（a） NAND ゲートと NOT ゲートによる OR ゲート

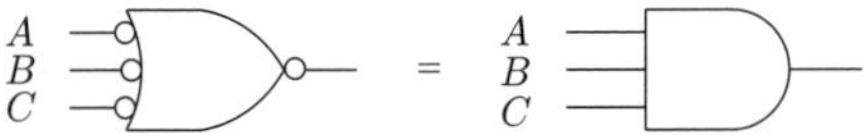

（b） NOR ゲートと NOT ゲートによる AND ゲート

図 1.26　NAND ゲートと NOT ゲートによる OR ゲート，および NOR ゲートと NOT ゲートによる AND ゲート

積和形の論理式をもとに NOT ゲート，AND ゲート，OR ゲートを用いた組み合わせ回路を設計することができるが，NOT ゲートと NAND ゲートだけを用いた組み合わせ回路でも設計することができることを示す。図 1.21 の 7 セグメントデコーダの出力 a を計算する組み合わせ回路を具体例として用いる。出力 a のカルノー図（図 1.22）をもとに，最も簡単な積和形と和積形の論理式をもとに設計した組み合わせ回路が図 1.23 である。図 1.23 では，NOT ゲート，AND ゲート，OR ゲートを用いているが，これに対して図 1.26 の変換を用い

る。すると，**図 1.27** の等価な組み合わせ回路が得られる。積和形の論理式をもとに設計した組み合わせ回路では，AND ゲートと OR ゲートをすべて NAND ゲートに置き換えている。そして，回路が等価になるように，NOT ゲートを追加している。同様に，和積形の論理式をもとに設計した組み合わせ回路では，AND ゲートと OR ゲートを NOR ゲートに置き換えて，必要な NOT ゲートを追加している。

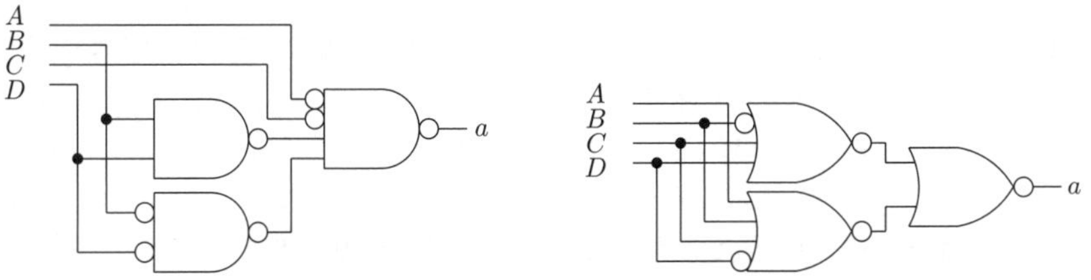

(a)　積和形　　　(b)　和積形

図 1.27　7 セグメントデコーダの出力 a を計算する組み合わせ回路：積和形をもとに NAND ゲートと NOT ゲートだけを用いた回路，および和積形をもとに NOR ゲートと NOT ゲートのみを用いた回路

図 1.23 と図 1.27 の組み合わせ回路がそれぞれ等価なのは，つぎの式変形からも確認できる。

$$\overline{\overline{A}\cdot\overline{C}\cdot\overline{B\cdot D}\cdot\overline{\overline{B}\cdot\overline{D}}} = A + C + B\cdot D + \overline{B}\cdot\overline{D} \tag{1.47}$$

$$\overline{\overline{\overline{B}+C+D}+\overline{A+B+C+\overline{D}}} = (\overline{B}+C+D)\cdot(A+B+C+\overline{D}) \tag{1.48}$$

以上より，任意の論理関数は，NAND ゲートだけ，もしくは NOR ゲートだけを用いた組み合わせ回路で計算できる。

演習問題

【1.1】 つぎの論理関数 f と g の真理値表をそれぞれ求めよ。また，この論理関数を計算する組み合わせ回路を示せ。

$$f(A,B) = \overline{A \cdot B} \cdot B$$

$$g(A,B,C) = (A+B+C) \oplus (\overline{A}+\overline{B}+\overline{C})$$

【1.2】 **【1.1】**の論理関数 f と g に対して，論理式は異なるが同じ論理関数を計算するものをそれぞれ示せ。

【1.3】 結合法則 $(A+B)+C = A+(B+C)$ と分配法則 $A+(B \cdot C) = (A+B) \cdot (A+C)$ が成り立つことを真理値表を用いて確認せよ。

【1.4】 図 **1.28** の 3 入力 2 出力の組み合わせ回路の出力 S と C を X，Y，Z の論理式で表せ。また，S と C の真理値表を示せ。

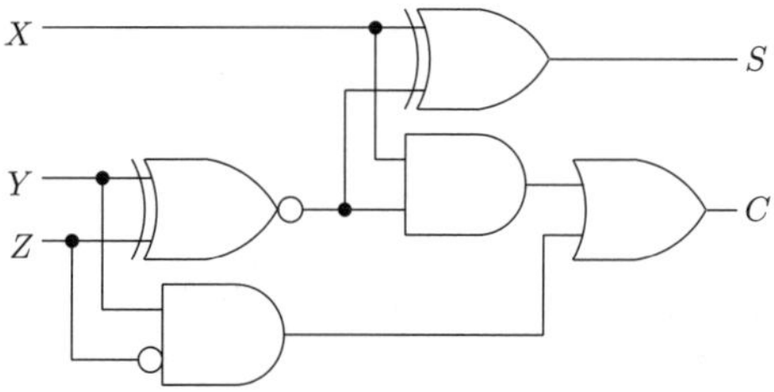

図 **1.28**　3 入力 2 出力組み合わせ回路

【1.5】 排他的論理和 $\oplus$ において単位元，零元，補元，べき等の基本法則が成り立つか否かを真理値表を用いて調べよ。

【1.6】 8 入力 NOR ゲートと等価な組み合わせ回路を汎 2 入力ゲートを用いて設計せよ。

【1.7】 NOT ゲート，2 入力 AND ゲート，2 入力 OR ゲートのみ用いて，10 通りの有効汎 2 入力ゲートを実現する組み合わせ回路をそれぞれ示せ。

【1.8】 $A_0 \oplus A_1 \oplus \cdots \oplus A_{n-1} = 1$ となるのは，$A_0, A_1, \cdots, A_{n-1}$ のうち，1 の個数が奇数の場合であることを証明せよ。

【1.9】 n 変数論理関数は何通り存在するかを n の関数で示せ。

【1.10】 3 変数 A，B，C のすべての最小項を示せ。また，3 変数の積項で最小項でないものをすべて示せ。

【1.11】 n 変数の最小項は何通り存在するかを n の関数で示せ。また，積項は何通り存在するか示せ。

【1.12】 表 1.16 の 7 セグメントデコーダの出力 b，c，d，e，f，g を，カルノー図を用いて最も簡単な積和形の論理式と和積形の論理式で示せ。

【1.13】 表 1.16 の 7 セグメントデコーダの出力 b，c，d，e，f，g を，クワイン・マクラスキー法を用いて最も簡単な積和形の論理式で示せ。

【1.14】 表 1.16 の 7 セグメントデコーダの出力 b，c，d，e，f，g を計算する組み合わせ回路を，NAND ゲートのみ用いて設計せよ。

【1.15】 積和形の論理式 $A \cdot B + B \cdot C + C \cdot D$ と等価な和積形の論理式を求めよ。

【1.16】 4 変数の論理関数で，カルノー図を用いて最も簡単な積和形の論理式を求めたとき，リテラルの総数が最も多くなるものを一つ示せ。また，その論理式をもとに組み合わせ回路をつくったときの回路の大きさを求めよ。

【1.17】 n 変数の論理関数の積和形の論理式で，リテラルの総数が最も大きくなる場合のリテラルの個数を示せ。

2章 さまざまな組み合わせ回路

◆本章のテーマ

実際の論理回路では，スリーステートバッファ回路，セレクタ回路，デコーダ回路，バレルシフト回路等がよく用いられる。特に，複数の入力から一つを選ぶセレクタ回路は，コンピュータ・プログラムの if 文に相当する機能を持つため，頻繁に用いられる。本章では，これらの組み合わせ回路の設計方法を紹介する。また，任意の n ビット論理関数を計算する組み合わせ回路がセレクタ回路を用いて設計できることを示す。

◆本章の構成（キーワード）

2.1　2 進数
　　ビット列，符号なし 2 進数，10 進数との変換
2.2　スリーステートバッファ回路とバス
　　スリーステートロジック，ハイインピーダンス
2.3　セレクタ回路
　　再帰的設計，任意の論理関数計算回路
2.4　デコーダ回路
　　再帰的設計法，デコーダ回路を用いたセレクタ回路設計
2.4　バレルシフト回路
　　2 のべきの乗算と除算

◆本章を学ぶと以下の内容をマスターできます

☞　2 進数の取り扱い方
☞　スリーステートバッファ回路，セレクタ回路，デコーダ回路，バレルシフト回路の設計方法
☞　セレクタ回路，デコーダ回路の再帰的設計
☞　任意の n ビット論理関数を計算する回路を設計する方法とその大きさの評価

2.1　2　進　数

真理値の列の個々の真理値を**ビット**と呼び，真理値の列を**ビット列**と呼ぶ。整数値をビット列を用いて表すことができる。ビット列は0と1の列なので，2進法をそのまま適用することができる。n 個の真理値 $X_0, X_1, \cdots, X_{n-1}$ を並べたビット列 $X_{n-1}X_{n-2}\cdots X_0$ を2進数とみなし，つぎの式で計算される整数の値をとるものとする。

$$[X_{n-1}X_{n-2}\cdots X_0] = X_{n-1}\cdot 2^{n-1} + X_{n-2}\cdot 2^{n-2} + \cdots + X_0\cdot 2^0 = \sum_{i=0}^{n-1} X_i\cdot 2^i \quad (2.1)$$

とり得る値の範囲は，つぎのようになる。

$$0 \leqq [X_{n-1}X_{n-2}\cdots X_0] \leqq \sum_{i=0}^{n-1} 2^i = 2^n - 1 \quad (2.2)$$

負の整数，つまりマイナス符号を扱わないので，このビット列 $X_{n-1}X_{n-2}\cdots X_0$ を**符号なし2進数**と呼ぶ。n ビット $X_{n-1}X_{n-2}\cdots X_0$ を符号なし整数とみなしたときの値 $[X_{n-1}X_{n-2}\cdots X_0]$ は式(2.1)を計算すれば求められる。例えば，[11101]の値は，つぎのように計算できる。

$$[11101] = 2^4 + 2^3 + 2^2 + 2^0 = 29 \quad (2.3)$$

一方，符号なし整数の値が与えられたときに，その値をとるビット列を求めるには，2での除算を繰り返せばよい。例えば，29の場合，つぎのように求められる。

$29 \div 2 = 14$ 余り 1

$14 \div 2 = 7$ 余り 0

$7 \div 2 = 3$ 余り 1

$3 \div 2 = 1$ 余り 1

$1 \div 2 = 0$ 余り 1

得られた余りを後から前に並べた [11101] が 29 の 2 進数表現となる。

2.2 スリーステートバッファ回路とバス

これまでの組み合わせ回路では，各ゲート回路の入力や出力は 0 または 1 の 2 種類であった。これを 3 種類に拡張したものを**スリーステートロジック**と呼ぶ。3 種類目は**ハイインピーダンス**と呼ばれ，記号 Z で表される。直感的には，Z は値がないという状況を表す。

スリーステートバッファ回路は，ハイインピーダンス Z を出力することができるゲート回路である。**図 2.1** (a) はスリーステートバッファ回路の回路記号である。入力は A と E で，出力は X である。このうち E は制御入力として働く。$E = 1$ のときは $X = A$ であり，$E = 0$ のときは $X = Z$（ハイインピーダンス）となる。**表 2.1** (a) はスリーステートバッファ回路の真理値表を示している。

スリーステートバッファ回路の出力は，**バス**に接続することができる。バスは基本的には配線であるが，0，1，Z の三つの状態を持つことができる。通常，

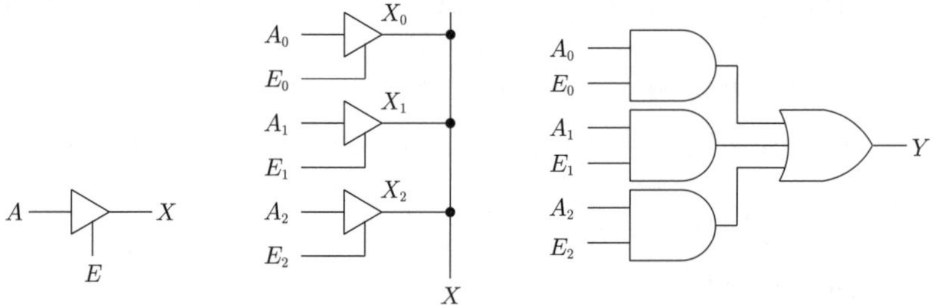

(a) スリーステートバッファ回路　(b) バ ス　(c) ほぼ等価な組み合わせ回路

図 2.1　スリーステートバッファ回路，バス，およびほぼ等価な組み合わせ回路

表 2.1　スリーステートバッファ回路の真理値表

A	E	X
0	0	Z
0	1	0
1	0	Z
1	1	1

複数のスリーステートバッファ回路の出力が一つのバスに接続する。この複数の出力のうち，高々一つだけが 0 または 1 で，残りのすべては Z でなければならない。スリーステートバッファの出力がすべて Z のときは，バスの値は Z となる。出力の一つだけが 0 または 1 のときは，その値がバスの値となる。図 2.1(b) は三つのスリーステートバッファ回路の出力 X_0，X_1，X_2 が一つのバス X に接続している。三つの入力 E_0，E_1，E_2 のうち，高々一つだけが 1 で残りは 0 でなければならない。すべて 0 のときは，出力 X_0，X_1，X_2 が Z になるので，バス X の値は Z となる。E_0 だけが 1 のときは，X_0 の値は A_0 となり $X = A_0$ となる。**表 2.2** は図 2.1(b) の真理値表である。E_0，E_1，E_2 のうち二つ以上が 1 になる入力は禁止されている。実際の回路では，二つ以上が 1 となり，0 と 1 が同時にバスに出力されると，ショートして大電流が流れ，回路が破壊される恐れがある。

表 2.2　図 2.1(b) と (c) の真理値表

E_0	E_1	E_2	X_0	X_1	X_2	X	Y
0	0	0	Z	Z	Z	Z	0
1	0	0	A_0	Z	Z	A_0	A_0
0	1	0	Z	A_1	Z	A_1	A_1
0	0	1	Z	Z	A_2	A_2	A_2

図 2.1(c) はバスとほぼ等価な組み合わせ回路である。論理式で書くと，つぎの積和形の式となる。

$$Y = A_0 \cdot E_0 + A_1 \cdot E_1 + A_2 \cdot E_2 \tag{2.4}$$

表 2.2 の真理値表から，$E_0 = E_1 = E_2 = 0$ のときは $X = Z$ になるのに対して，$Y = 0$ となる点以外は同じである。

スリーステートバッファ回路やバスは複数のビットからなるビット列をまとめて扱うことが多い。**図 2.2**(a) は 4 ビットスリーステートバッファ回路と 4 ビットバスである。4 ビットの値 $A_3A_2A_1A_0$ を扱うためにスリーステートバッファ回路を四つ並べている。制御入力は共通の E であり，出力はそれぞれ 4 ビットのバス $X_3X_2X_1X_0$ に接続している。簡便のため，図 (b) のように複数の配線を 1 本の太線で表し，ビット数を表す整数 (図では 4) を書くことにする。

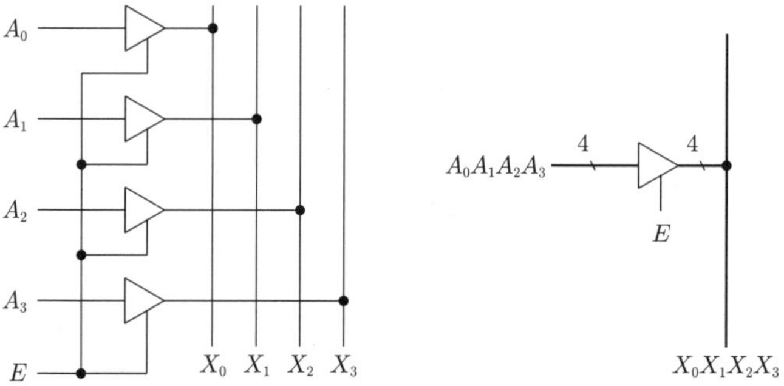

(a) 1 ビットずつ描いた回路　　(b) 4 ビットまとめて描いた回路

図 2.2　4 ビットスリーステートバッファ回路と 4 ビットバス

2.3　セレクタ回路

2.3.1　2 入力セレクタ回路

セレクタ回路（**マルチプレクサ回路**とも呼ばれる）はつぎの論理関数で表される。

$$
\begin{aligned}
s(S; A_0, A_1) &= A_0 \qquad (S = 0 \text{ のとき}) \\
&= A_1 \qquad (S = 1 \text{ のとき})
\end{aligned}
\tag{2.5}
$$

つまり，$s(S; A_0, A_1) = A_S$ である。この論理関数 s をセレクタ関数と呼ぶ。

図 2.3 は，このセレクタ関数のカルノー図である。このカルノー図から，つぎの積和形と和積形の論理式が得られる。

$$s(S; A_0, A_1) = A_0 \cdot \overline{S} + A_1 \cdot S \tag{2.6}$$

$$s(S; A_0, A_1) = (A_0 + S) \cdot (A_1 + \overline{S}) \tag{2.7}$$

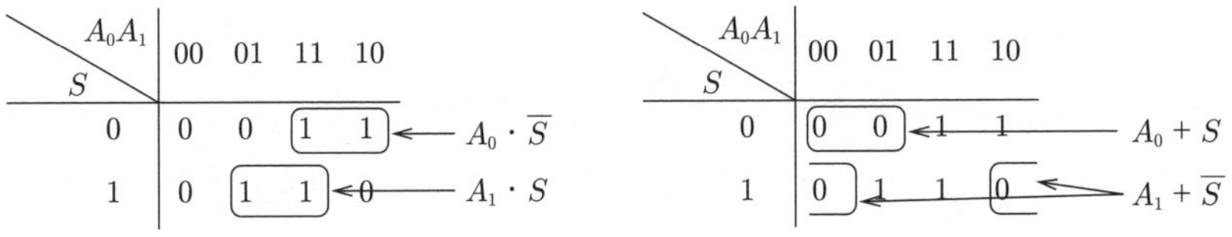

(a) 積和形　　(b) 和積形

図 2.3　セレクタ回路のカルノー図

図 2.4 は積和形をもとに設計したセレクタ回路とセレクタ回路記号を示している。セレクタ回路記号では，後で設計する組み合わせ回路の回路図の都合上，$S' = S$ である出力 S' を導入する。つまり，S' は入力 S をそのまま出力する。今後は，組み合わせ回路の設計に，このセレクタ回路記号を用いる。このセレクタ回路は二つの入力から一つを選択するので，特に **2 入力セレクタ回路**と呼ばれる。

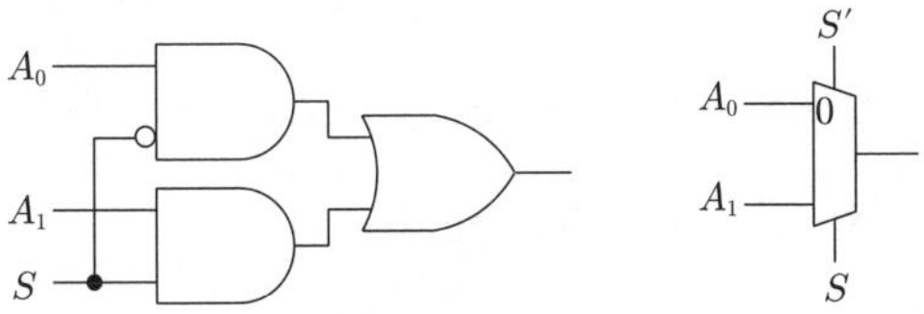

(a) セレクタ回路　　(b) 回路記号

図 2.4　セレクタ回路とセレクタ回路の回路記号

C 言語等のプログラミング言語では，つぎのような if-else 文が頻繁に用いられる。

if (条件式) { 条件式が真の場合の動作 }
else { 条件式が偽の場合の動作 }

セレクタ回路の動作はつぎのように記述することができるので，本質的にプログラミング言語における if-else 文であり，さまざまな組み合わせ回路の中で最も頻繁に使われる回路である。

if (S が 0 のとき) $\{A_0$ を出力 $\}$

else $\{A_1$ を出力 $\}$

2.3.2　多入力セレクタ回路

多くの入力から 1 個を選択するように，2 入力のセレクタ回路を拡張する。2^n 入力セレクタ（$n \geqq 1$）では，2^n 個の入力から 1 個を選び出力する。どれを選択するかを決めるのに別の n 個の入力を用いる。そのために，セレクタ関数 s を $n+2^n$ 変数を持つように拡張する。

$$s_n(S_0, S_1, \cdots, S_{n-1}; A_0, A_1, \cdots, A_{2^n-1}) = A_{[S_{n-1}S_{n-2}\cdots S_0]} \qquad (2.8)$$

このセレクタ関数 s_n を計算する組み合わせ回路を設計するために，まず，s_n を積和形の論理式で表す。$n=3$ の場合，s_3 の積和形の論理式はつぎのようになる。

$$\begin{aligned} & s_3(S_0, S_1, S_2; A_0, A_1, A_2, \cdots, A_7) \\ & \quad = \overline{S_0} \cdot \overline{S_1} \cdot \overline{S_2} \cdot A_0 + S_0 \cdot \overline{S_1} \cdot \overline{S_2} \cdot A_1 + \overline{S_0} \cdot S_1 \cdot \overline{S_2} \cdot A_2 \\ & \qquad + S_0 \cdot S_1 \cdot \overline{S_2} \cdot A_3 + \overline{S_0} \cdot \overline{S_1} \cdot S_2 \cdot A_4 + S_0 \cdot \overline{S_1} \cdot S_2 \cdot A_5 \\ & \qquad + \overline{S_0} \cdot S_1 \cdot S_2 \cdot A_6 + S_0 \cdot S_1 \cdot S_2 \cdot A_7 \end{aligned} \qquad (2.9)$$

例えば，$[S_2S_1S_0] = [110] = 6$ のとき，積項 $\overline{S_0} \cdot S_1 \cdot S_2 \cdot A_6$ 以外は 0 となり，つぎの論理式から正しいことが確認できる。

$$s_3(0, 1, 1; A_0, A_1, A_2, \cdots, A_7) = \overline{0} \cdot 1 \cdot 1 \cdot A_6 = A_6 \qquad (2.10)$$

また，8 個の積項はまとめることができないので，これが最も簡単な積和形の論理式である。一般の n 入力セレクタ回路を表す論理関数 s_n は，つぎの積和形で表すことができる。

$$s_n(S_0, S_1, \cdots, S_{n-1}; A_0, A_1, \cdots, A_{2^n-1})$$
$$= \sum_{0 \leq i_0, i_1, \cdots, i_{n-1} \leq 1} A_{[i_{n-1} i_{n-2} \cdots i_0]} \prod_{j=0}^{n-1} S_j^{i_j} \qquad (2.11)$$

つぎに，この積和形の論理式をもとに 2^n 入力セレクタ回路を設計した場合のセレクタ回路の大きさを評価する。各積項は，$n+1$ 個の変数を含んでいるので，n 個の汎 2 入力ゲートで計算することができる。積項は 2^n 個あるので，$n2^n$ 個の 2 入力ゲートを用いる。そして，積項の論理和を 2^n 入力の OR ゲートで計算する。2^n 入力の OR ゲートは $2^n - 1$ 個の汎 2 入力ゲートを用いるので，2^n 入力セレクタ回路の大きさは，$(n+1)2^n - 1$ となる。積和形の論理式のリテラルの総数が $(n+1)2^n$ であることからも，それから 1 を引いた $(n+1)2^n - 1$ が大きさであると求められる。

2.3.3 多入力セレクタ回路の再帰的設計

より小さな組み合わせ回路で 2^n 入力セレクタ回路を設計する方法を説明する。そのため，2^n 入力セレクタ（$n \geqq 2$）を，2 個の 2^{n-1} 入力セレクタ回路と 2 入力セレクタを用いて再帰的に設計する。具体的には，つぎの論理式の再帰的な定義を用いる。

$$s_n(S_0, S_1, \cdots, S_{n-1}; A_0, A_1, \cdots, A_{2^n-1}) = s(S_{n-1}; B_0, B_1) \qquad (2.12)$$

$$B_0 = s_{n-1}(S_0, S_1, \cdots, S_{n-2}; A_0, A_1, \cdots, A_{2^{n-1}-1}) \qquad (2.13)$$

$$B_1 = s_{n-1}(S_0, S_1, \cdots, S_{n-2}; A_{2^{n-1}} A_{2^{n-1}+1}, \cdots, A_{2^n-1}) \qquad (2.14)$$

これが正しいことを確認する。論理関数 s_{n-1} の定義より，つぎの論理式が成り立つ。

$$B_0 = A_{[S_{n-2} \cdots S_1 S_0]}, \qquad B_1 = A_{2^{n-1} + [S_{n-2} \cdots S_1 S_0]} \qquad (2.15)$$

したがって，つぎの論理式が成り立ち，再帰的定義は正しい。

$$s(S_{n-1}; B_0, B_1) = A_{2^{n-1} \cdot S_{n-1} + [S_{n-2} \cdots S_1 S_0]} = A_{[S_{n-1} \cdots S_1 S_0]} \qquad (2.16)$$

この再帰的定義を回路図に書くと，**図 2.5** のようになる。2 個の 2^{n-1} 入力セレクタ回路の出力が 2 入力セレクタ回路に接続し，S_{n-1} の値により選択している。

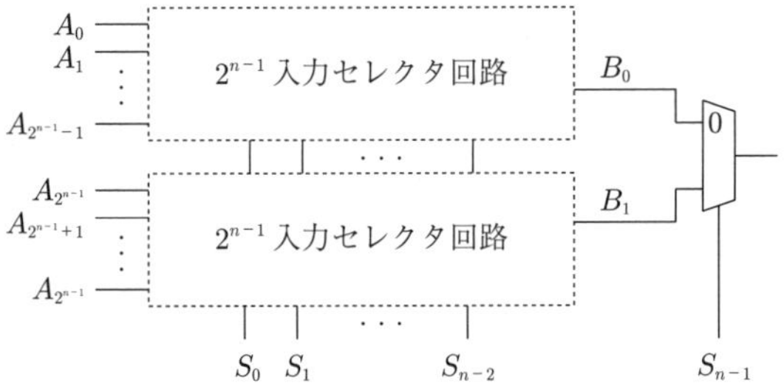

図 2.5　再帰的設計による 2^n 入力セレクタ回路

図 2.6 (a) は，再帰的定義により設計された 8 入力セレクタ回路の回路図である。$n=3$ として，図 2.5 の再帰的設計を適用している。具体的には，2 個の 4 入力セレクタ回路の出力を 2 入力セレクタ回路に接続し，S_2 の値により選択している。さらに，これら 2 個の 4 入力セレクタ回路を $n=2$ とした図 2.5 の

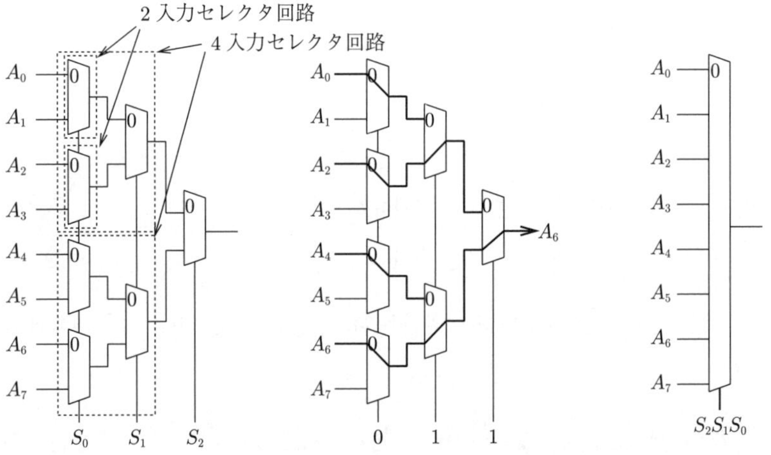

(a)　回　路　　　(b)　出　力　　　(c)　回路記号

図 2.6　8 入力セレクタ回路，$S_2S_1S_0 = 110$ の場合の出力，および 8 入力セレクタ回路の回路記号

再帰的設計により構成している。つまり，各 4 入力セレクタ回路では，2 個の 2 入力セレクタ回路の出力を 2 入力セレクタ回路に接続し，S_1 の値により選択している。以上より，7 個の 2 入力セレクタ回路により 8 入力セレクタ回路がつくられている。図 2.6 (b) では，$[S_2S_1S_0] = [110] = 6$ 番目の A_6 が正しく出力されているのがわかる。また，図 (c) は 8 入力セレクタ回路の回路記号である。

2^n 入力セレクタ回路を設計するのに必要なセレクタ回路の個数を求める。この個数を $C(n)$ とすると，2 個の 2^{n-1} 入力セレクタ回路と，1 個の 2 入力セレクタ回路を用いるので，つぎの漸化式が成り立つ。

$$\begin{aligned} C(n) &= 1 && (n = 1) \\ &= 2 \cdot C(n-1) + 1 && (n = 2, 3, \cdots) \end{aligned} \tag{2.17}$$

この漸化式を解くと，$C(n) = 2^n - 1$ となり，2^n 入力セレクタ回路は $2^n - 1$ 個の 2 入力セレクタ回路を用いてつくることができる。実際 $n = 3$ のとき，8 入力セレクタ回路は 2 入力セレクタ回路を $2^3 - 1 = 7$ 個でつくることができる。また，図 2.4 に示したとおり，2 入力セレクタ回路は，3 個の汎 2 入力ゲートで設計できるので，2^n 入力セレクタ回路は，$3C(n) = 3(2^n - 1) = 3 \cdot 2^n - 3$ 個の汎 2 入力ゲートを用いてつくることができる。これは，積和形をもとに設計した 2^n 入力セレクタ回路の大きさ $(n+1)2^n - 1$ に比べて，大幅に小さい。

2.3.4 セレクタ回路を用いた任意の論理関数計算回路

セレクタ回路と汎 2 入力ゲートを用いて，任意の論理関数を計算する組み合わせ回路が設計できることを示す。まず，任意の 2 変数論理関数 $f(A, B)$ は，汎 2 入力ゲート回路を 1 個用いて計算することができるので，セレクタ回路は不要である。3 変数論理関数 $f(A, B, C)$ は，1 個の 2 入力セレクタ回路と 2 個の汎 2 入力ゲート回路を用いて計算できることを示す。3 変数論理関数 $f(A, B, C)$ は，$C = 0$ の場合の 2 変数論理関数 $f_0(A, B) = f(A, B, 0)$ と $C = 1$ の場合の 2 変数論理関数 $f_1(A, B) = f(A, B, 1)$ に分けられる。そこで，つぎのように，セレクタ関数 s を用いて，二つの論理関数から一つを選ぶようにすればよい。

$$f(A,B,C) = s(C; f_0(A,B), f_1(A,B)) \tag{2.18}$$

$C=0$ のとき，右辺は $f_0(A,B)$ が選ばれ，$C=1$ のときは $f_1(A,B)$ が選ばれるので，$f(A,B,C)$ と一致するのは明らかである。$f_0(A,B)$ と $f_1(A,B)$ はそれぞれ 2 変数論理関数なので，汎 2 入力ゲートで計算することができる。したがって，任意の 3 変数論理関数 $f(A,B,C)$ は，2 個の汎 2 入力ゲートと 1 個の 2 入力セレクタ回路で計算できる。図 2.4 に示したとおり，2 入力セレクタ回路は 3 個の汎 2 入力ゲートでつくることができるので，任意の 3 変数論理関数 $f(A,B,C)$ は，大きさ 5 の組み合わせ回路で計算できる。**図 2.7** は，3 変数論理関数の例と，それを計算する汎 2 入力ゲートとセレクタ回路を用いた組み合わせ回路である。$f(A,B,0) = A \cdot B$，$f(A,B,1) = A \oplus B$ なので，これらに対応する汎 2 入力ゲートをセレクタに接続すれば，$f(A,B,C)$ を計算する組み合わせ回路が得られる。

	C	
AB	0	1
00	0	0
01	0	1
10	0	1
11	1	0

（a） 3 変数論理関数の例

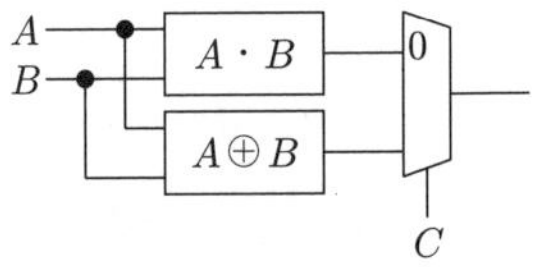

（b） 汎 2 入力ゲートによる組み合わせ回路

図 2.7　3 変数論理関数の例と，それを計算する汎 2 入力ゲートによる組み合わせ回路

この方法を一般の n 変数論理関数 $f(X_0, X_1, \cdots, X_{n-1})$ に拡張する。最後の $n-k$ 変数 $X_k, X_{k+1}, \cdots, X_{n-1}$ を $x_k, x_{k+1}, \cdots, x_{n-1}$ にそれぞれ値を固定した k 変数論理関数を $f_{x_{n-1}\cdots x_{k+1}x_k}(X_0, X_1, \cdots, X_{k-1})$ と表す。$k=2$ のとき，2 変数論理関数 $f_{x_{n-1}\cdots x_3x_2}(X_0, X_1)$ は，2^{n-2} 通り存在する。この各 2 変数論理関数は，汎 2 入力ゲートを 1 個ずつ用いて計算することができる。つぎに，$k=3$ のとき，3 変数論理関数 $f_{x_{n-1}\cdots x_4x_3}(X_0, X_1, X_2)$ は 2^{n-3} 通り存在

する。各3変数論理関数に2入力セレクタ回路を用いて，$f_{x_{n-1}\cdots x_3 0}(X_0, X_1)$ と $f_{x_{n-1}\cdots x_3 1}(X_0, X_1)$ の計算結果から X_2 の値により一つ選べばよい。同様の手順を繰り返し，最後の $k = n$ のとき，1個の2入力セレクタ回路を用いて，$f_0(X_0, X_1, \cdots, X_{n-2})$ と $f_1(X_0, X_1, \cdots, X_{n-2})$ の計算結果から一つ選べば，n 変数論理関数 $f(X_0, X_1, \cdots, X_{n-1})$ の計算が行えることになる。**図 2.8** は $n = 5$ の場合の回路図を示している。図では，8個の汎2入力ゲートを用いて，8個の2変数論理関数 $f_{x_4 x_3 x_2}(X_0, X_1)$ を計算している。7個の2入力セレクタ回路を用いるので，大きさは，$8 + 3 \cdot 7 = 29$ となる。一般の n 変数論理関数の場合は，2^{n-2} 個の2変数論理関数を計算する汎2入力ゲートと，$2^{n-2} - 1$ 個の2入力セレクタ回路を用いる。よって，任意の n 変数論理関数を計算する場合，その回路の大きさは，$2^{n-2} + 3(2^{n-2} - 1) = 2^n - 3$ となる。

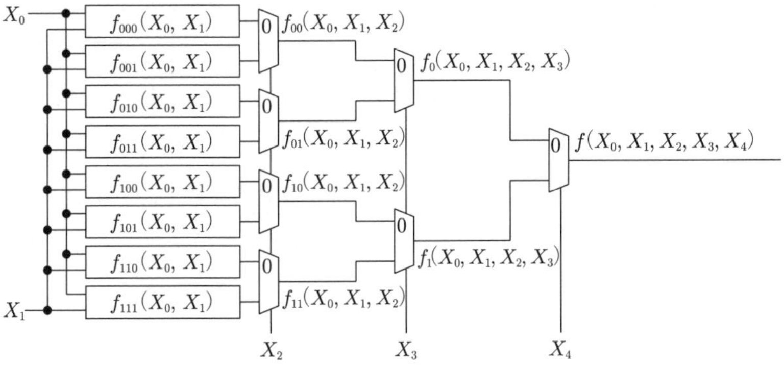

図 2.8　任意の n 変数論理関数を計算する汎2入力ゲートとセレクタ回路を用いた組み合わせ回路（$n = 5$ の場合）

この任意の n 変数論理関数を計算する回路において，$2^{n-2} - 1$ 個の2入力セレクタ回路は，2^{n-2} 入力セレクタ回路とみなすことができる。実際，図 2.8 の7個のセレクタ回路は，図 2.6 の8入力セレクタ回路と同じである。よって，2^{n-2} 通りの2変数論理関数 $f_{x_{n-1}\cdots x_3 x_2}(X_0, X_1)$ を計算する 2^{n-2} 個の汎2入力回路の出力から一つを 2^{n-2} 入力セレクタ回路で選んでいるとみなすことができる。

2.3.5　セレクタ回路による論理関数計算回路の大きさ削減

図 2.8 の任意の n 変数論理関数を計算する組み合わせ回路は，2^{n-2} 個の汎 2 入力ゲートと $2^{n-2}-1$ 個の 2 入力セレクタ回路から設計される。2^{n-2} 個の汎 2 入力ゲートは 2 入力関数 $f_{x_{n-1}\cdots x_3x_2}(X_0, X_1)$ を計算する。各 2 入力セレクタ回路は k 変数論理関数 $f_{x_{n-1}\cdots x_{k+1}x_k}(X_0, X_1, \cdots, X_{k-1})$ のいずれかを計算している。n が大きいと，同じ k 変数論理関数が重複することがある。その重複に注目して，汎 2 入力ゲートと 2 入力セレクタ回路をつぎの方法で削減する。

- 同一の 2 変数関数 $f_{x_{n-1}\cdots x_3x_2}(X_0, X_1)$ を計算する汎 2 入力ゲートを一つにまとめる。有効汎 2 入力ゲートは 10 種類なので，まとめた結果，残る汎 2 入力ゲートは最大で 10 個となる。
- 同一の k 変数論理関数を計算する 2 入力セレクタ回路を一つにまとめる。具体的には，$n-k$ 変数 $X_{n-1}\cdots X_{k+1}X_k$ への異なる真理値割り当て $x_{n-1}\cdots x_{k+1}x_k$ と $x'_{n-1}\cdots x'_{k+1}x'_k$ に対して，$f_{x_{n-1}\cdots x_{k+1}x_k}$ と $f_{x'_{n-1}\cdots x'_{k+1}x'_k}$ が同一の論理関数の場合，これらを計算するセレクタ回路のうち片方だけ残し，もう片方を削除する。三つ以上の異なる真理値割り当てに対して，これらすべてが同一の論理関数である場合も，2 入力セレクタ回路を一つだけ残して，残りを削除する。
- 2 入力セレクタ回路の二つの入力が同一のセレクタ回路もしくは同一の汎 2 入力ゲートの出力に接続する場合，このセレクタ回路は不要なので，削除する。

つぎに，この削減方法を**表 2.3** の 6 変数論理関数 $f(X_0, X_1, X_2, X_3, X_4, X_5)$

表 2.3　6 変数論理関数 $f(X_0, X_1, X_2, X_3, X_4, X_5)$ の真理値表

	X_5	0	0	0	0	0	0	0	0	1	1	1	1	1	1	1	1
	X_4	0	0	0	0	1	1	1	1	0	0	0	0	1	1	1	1
	X_3	0	0	1	1	0	0	1	1	0	0	1	1	0	0	1	1
X_0X_1	X_2	0	1	0	1	0	1	0	1	0	1	0	1	0	1	0	1
00		1	0	0	1	1	0	1	0	1	0	1	0	1	0	0	1
01		1	0	1	0	0	1	0	1	0	1	1	1	1	0	1	0
10		1	1	0	0	0	0	0	0	0	0	0	0	1	1	0	0
11		1	0	0	1	1	0	1	0	1	0	0	1	1	0	0	1

に適用し，この論理関数を計算する組み合わせ回路を設計する。

16 個の 2 変数論理関数 $f_{x_5x_4x_3x_2}f(X_0, X_1)$ は，つぎに示したように，6 通りの 2 入力論理関数のいずれかである。

$$\begin{aligned}
\beta_{1111} &= 1 &&= f_{0000} = f_{1100} \\
\beta_{0010} &= X_0 \cdot \overline{X_1} &&= f_{0001} = f_{1101} \\
\beta_{0100} &= \overline{X_0} \cdot X_1 &&= f_{0010} = f_{0101} = f_{0111} = f_{1001} = f_{1110} \\
\beta_{1001} &= \overline{X_0 \oplus X_1} &&= f_{0011} = f_{0100} = f_{0110} = f_{1000} = f_{1111} \\
\beta_{1100} &= \overline{X_0} &&= f_{1010} \\
\beta_{0101} &= X_1 &&= f_{1011}
\end{aligned}$$

ここで，β_{1111} 等は，表 1.10 に示した 2 入力論理関数を示す記号である。3 変数論理関数 $f_{x_5x_4x_3}(X_0, X_1, X_2)$ はつぎの 4 通りになる。ここで，$s(X_2; \beta_{1111}, \beta_{0010})$ は，$X_2 = 0$ のとき β_{1111}，$X_2 = 1$ のとき β_{0010} を選ぶことを意味する。また，これら 4 種類の 3 変数論理関数を A_0，A_1，A_2，A_3 と表す。

$$\begin{aligned}
A_0 &= s(X_2; \beta_{1111}, \beta_{0010}) = f_{000} = f_{110} \\
A_1 &= s(X_2; \beta_{0100}, \beta_{1001}) = f_{001} = f_{111} \\
A_2 &= s(X_2; \beta_{1001}, \beta_{0100}) = f_{010} = f_{011} = f_{100} \\
A_3 &= s(X_2; \beta_{1100}, \beta_{0101}) = f_{101}
\end{aligned}$$

同様に，4 変数論理関数 $f_{x_5x_4}(X_0, X_1, X_2, X_3)$ はつぎのとおりになる。

$$B_0 = s(X_3; A_0, A_1) = f_{00} = f_{11}, \quad B_1 = s(X_3; A_2, A_2) = A_2 = f_{01}$$

$$B_2 = s(X_3; A_2, A_3) = f_{10}$$

5 変数論理関数 $f_{x_5}(X_0, X_1, X_2, X_3, X_4)$ はつぎのとおりになる。

$$C_0 = s(X_4; B_0, B_1) = f_0, \qquad C_1 = s(X_5; B_2, B_0) = f_1$$

最後に，$f(X_0, X_1, X_2, X_3, X_4, X_5)$ はつぎの論理式で計算される。

$$D_0 = s(X_5; C_0, C_1) = f$$

以上を踏まえて，6 変数論理回路を計算する組み合わせ回路を設計すると，**図 2.9** となる。ここで，B_1 は，$X_3 = 0$ と $X_3 = 1$ のいずれの場合も A_2 を選ぶので 2 入力セレクタ回路は不要である。この組み合わせ回路の大きさを求める。β_{1100} の NOT ゲートは A_3 のセレクタに吸収できるので，この NOT ゲートのための汎 2 入力ゲートは不要である。A_0 のセレクタ回路は，片方の入力が定数 1 なので，β_{0010} の出力と X_2 の 2 入力論理関数を計算することになる。よって，A_0 は 1 個の汎 2 入力ゲートに置き換えられる。以上より，8 個の 2 入力セレクタ回路と 4 個の汎 2 入力ゲートを用いるので，大きさは，$3 \cdot 8 + 4 = 28$ となる。一方，図 2.8 の組み合わせ回路を $n = 6$ としてそのまま用いると，大きさは $2^6 - 3 = 61$ となり，大きさが半分以下に削減できている。

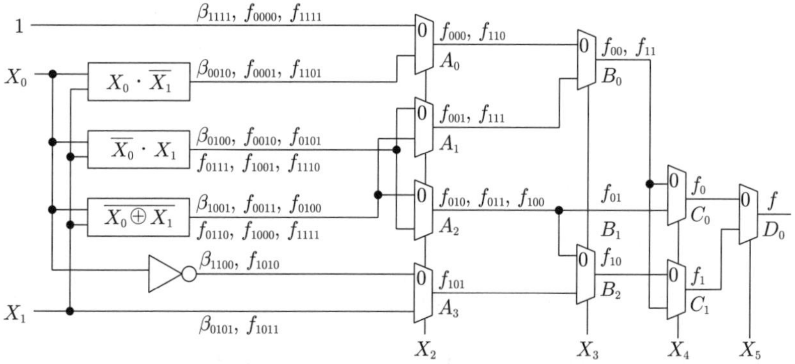

図 2.9　セレクタ回路による表 2.3 の 6 変数論理関数を計算する組み合わせ回路

図 2.9 において，2 変数論理関数 $f_{x_5x_4x_3x_2}(X_0, X_1)$ を計算する汎 2 入力ゲートは 3 個である。有効汎 2 入力ゲートは 10 通りなので，どのような論理関数の場合でも，2 変数 X_0, X_1 の論理関数を計算するのに 10 個を超える汎 2 入力ゲートを用いることはない。よって，任意の n 入力論理関数は，10 個の汎 2 入力ゲートと高々 $2^{n-2} - 1$ 個の 2 入力セレクタを用いて計算できる。よって，大きさは高々 $10 + 3 \cdot (2^{n-2} - 1) = (3/4)2^n + 7$ に削減できる。

2.4 デコーダ回路

n 入力デコーダ回路は，n ビットの入力 $S_0, S_1, \cdots, S_{n-1}$ と 2^n ビットの出力 $D_0, D_1, \cdots, D_{2^n-1}$ を持つ。出力値はつぎの式で定義される。

$$\begin{aligned} D_i &= 1 \qquad (i = [S_{n-1}S_{n-2}\cdots S_0] \text{ のとき}) \\ &= 0 \qquad (i \neq [S_{n-1}S_{n-2}\cdots S_0] \text{ のとき}) \end{aligned} \tag{2.19}$$

つまり，2^n 個の出力のうち，$D_{[S_{n-1}S_{n-2}\cdots S_0]}$ だけが 1 になり，これ以外は 0 となる。**表 2.4** は 1 入力と 2 入力のデコーダ回路の真理値表である。対角線上の出力が 1 になり，ほかは 0 となる。

表 2.4 1 入力デコーダ回路と 2 入力デコーダ回路の真理値表

（a） 1 入力デコーダ回路

S_0	D_0	D_1
0	1	0
1	0	1

（b） 2 入力デコーダ回路

S_1	S_0	D_0	D_1	D_2	D_3
0	0	1	0	0	0
0	1	0	1	0	0
1	0	0	0	1	0
1	1	0	0	0	1

2.4.1 積和形の論理式によるデコーダ回路

n 入力デコーダ回路をその積和形の論理式をもとに設計する。各 D_i（$0 \leqq i \leqq 2^n - 1$）を表す積和形の論理式は，一つの最小項によりつぎのように表される。

$$D_i = S_0^{i_0} \cdot S_1^{i_1} \cdots S_{n-1}^{i_{n-1}} \qquad (\text{ただし，} i = [i_{n-1} \cdots i_1 i_0]) \tag{2.20}$$

したがって，$i = [S_{n-1}S_{n-2}\cdots S_0]$ である D_i のみ 1 となり，この最小項が正しいことがわかる。具体的に，1 入力デコーダの場合，つぎの論理式で表される。

$$D_0 = S_0^0 = \overline{S_0}, \qquad D_1 = S_0^1 = S_0$$

2 入力デコーダ回路の場合，つぎの論理式で表され，それぞれが一つの積項（最小項）になっている。

$$D_0 = S_0^0 \cdot S_1^0 = \overline{S_0} \cdot \overline{S_1}, \qquad D_1 = S_0^1 \cdot S_1^0 = S_0 \cdot \overline{S_1},$$
$$D_2 = S_0^0 \cdot S_1^1 = \overline{S_0} \cdot S_1, \qquad D_3 = S_0^1 \cdot S_1^1 = S_0 \cdot S_1$$

図 2.10 は 1 入力デコーダ回路と 2 入力デコーダ回路である。

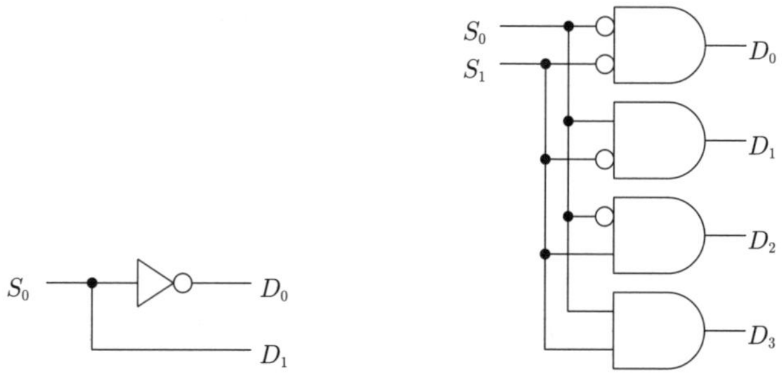

（a） 1 入力デコーダ回路　　　（b） 2 入力デコーダ回路

図 2.10　1 入力デコーダ回路と 2 入力デコーダ回路

一般に n 入力デコーダ回路の場合，n 入力 AND ゲートが 2^n 個必要となる。n 入力 AND ゲートは $n-1$ 個の汎 2 入力ゲートが必要なので，この組み合わせ回路による n 入力デコーダ回路の大きさは，$(n-1)2^n$ となる。

2.4.2　再帰的設計によるデコーダ回路

1 入力デコーダ回路を用いて n 入力デコーダ回路を設計する。設計の都合上，イネーブル入力 E を付加した，n 入力の**イネーブル付きデコーダ回路**を用いる。この回路の出力はつぎのようになる。

$$\begin{aligned} D_i &= E \quad (i = [S_{n-1}S_{n-2}\cdots S_0] \text{ のとき}) \\ &= 0 \quad (i \neq [S_{n-1}S_{n-2}\cdots S_0] \text{ のとき}) \end{aligned} \tag{2.21}$$

つまり，$E=1$ のときのみデコーダ回路として動作し（アクティブと呼ぶ），$E=0$ のとき，すべての出力 D_i は 0 となる。この n 入力イネーブル付きデコーダ回路をつぎの論理関数 d_n で表すことにする。

$$d_n(E;S_0,S_1,\cdots,S_{n-1})=(D_0,D_1,\cdots,D_{2^n-1}) \tag{2.22}$$

イネーブル付きデコーダ回路を再帰的に設計することにより，大きさを削減することができる。まず 1 入力イネーブル付きデコーダ回路は，つぎの論理式で表される。

$$d(E;S_0)=(E\cdot\overline{S_0},E\cdot S_0) \tag{2.23}$$

図 2.11(a) は，この論理式を用いた 1 入力イネーブル付きデコーダ回路である。明らかに，この組み合わせ回路の大きさは 2 である。また，この 1 入力イネーブル付きデコーダ回路を図 (b) の回路記号で表すことにする。

(a) 1 入力イネーブル付きデコーダ回路　　(b) 回路記号

図 2.11　1 入力イネーブル付きデコーダ回路とその回路記号

図 2.12 は，この 1 入力イネーブル付きデコーダ回路と 2 個の $n-1$ 入力イネーブル付きデコーダ回路を用いて，n 入力イネーブル付きデコーダ回路を再

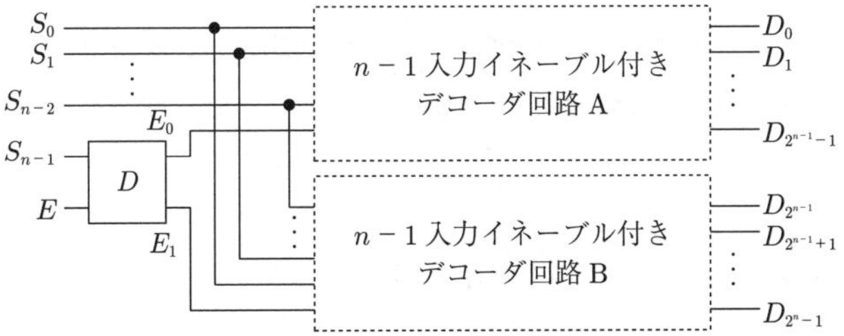

図 2.12　再帰的設計による n 入力イネーブル付きデコーダ回路

帰的に設計している。論理式で書くと，つぎのようになる。

$$(E_0, E_1) = d(E; S_{n-1}) = (E \cdot \overline{S_{n-1}}, E \cdot S_{n-1}) \tag{2.24}$$

$$(D_0, D_1, \cdots, D_{2^{n-1}-1}) = d_{n-1}(E_0; S_0, S_1, \cdots, S_{n-2}) \tag{2.25}$$

$$(D_{2^{n-1}}, D_{2^{n-1}+1}, \cdots, D_{2^n-1}) = d_{n-1}(E_1; S_0, S_1, \cdots, S_{n-2}) \tag{2.26}$$

$E=0$ のときは $E_0=E_1=0$ となり，すべての D_i が 0 となる。$E=1$ のときは，つぎのように各 D_i の値が決まる。$S_{n-1}=0$ のとき，$E_0E_1=10$ となり，図 2.12 の $n-1$ 入力イネーブル付きデコーダ回路 B の出力はすべて 0 になる。$n-1$ 入力デコーダ回路 A がアクティブになり，$D_{[S_{n-2}\cdots S_0]}=1$ となる。一方，$S_{n-1}=1$ のときは，$E_0E_1=01$ なので，$n-1$ 入力イネーブル付きデコーダ回路 B がアクティブになり，$D_{2^{n-1}+[S_{n-2}\cdots S_0]}=1$ になる。したがって，$D_{[S_{n-1}S_{n-2}\cdots S_0]}=E$ となり，n 入力イネーブル付きデコーダ回路として正しく動作することがわかる。

図 2.13(a)～(c) は，図 2.12 の再帰的設計により作成した 2 入力，3 入力，4 入力のイネーブル付きデコーダ回路をそれぞれ示している。2 入力は 3 個の 1 入力，3 入力は 2 個の 2 入力と 1 個の 1 入力，4 入力は 2 個の 3 入力と 1 個の 1 入力を用いていることから，図 2.12 の再帰的設計が用いられていることがわかる。また，図 (d) は 4 入力のイネーブル付きデコーダ回路の回路記号である。

つぎに，n 入力イネーブル付きデコーダ回路の大きさを求める。n 入力イネーブル付きデコーダ回路が用いる 1 入力イネーブル付きデコーダ回路の個数を $C(n)$ とする。n 入力イネーブル付きデコーダ回路は，2 個の $n-1$ 入力イネーブル付きデコーダ回路と 1 個の 2 入力イネーブル付きデコーダ回路で構成されるので，つぎの再帰式が成り立つ。

$$\begin{aligned} C(n) &= 1 & (n=1) \\ &= 2C(n-1)+1 & (n=2,3,\cdots) \end{aligned} \tag{2.27}$$

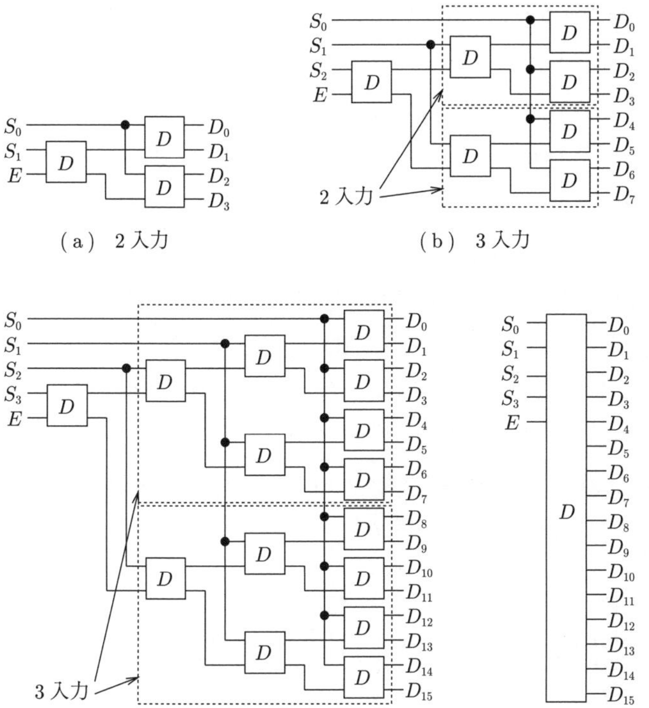

（a） 2 入力　（b） 3 入力

（c） 4 入力　（d） 回路記号

図 2.13 2 入力，3 入力，4 入力のイネーブル付きデコーダ回路，および 4 入力イネーブル付きデコーダ回路の回路記号

この再帰式を解くと，$C(n) = 2^n - 1$ が得られる。1 入力イネーブル付きデコーダ回路は 2 個の汎 2 入力デコーダを用いるので，n 入力イネーブル付きデコーダ回路の大きさは，$2C(n) = 2^{n+1} - 2$ となる。

イネーブル入力 E のない n 入力デコーダ回路は，n 入力イネーブル付きデコーダ回路の入力 E を 1 に固定したものとみなせる。すると，S_{n-1} と E が入力される 1 入力イネーブル付きデコーダ回路は図 2.10 (a) の 1 入力デコーダ回路に置き換えることができ，1 個の NOT ゲートにすることができる。さらにこの NOT ゲートは，それが接続する汎 2 入力ゲートに吸収することができるので，イネーブル入力のない n 入力デコーダ回路の大きさは，$2^{n+1} - 4$ となる。

2.4.3　デコーダ回路を用いたセレクタ回路

デコーダ回路とスリーステートバッファ回路を用いてセレクタ回路を設計することができる。図 **2.14** (a) は 2 入力セレクタを 3 個用いた 4 入力セレクタ回路であり，その出力は $A_{[S_1S_0]}$ である。図 (b) は，2 入力デコーダの 4 個の出力を 4 個のスリーステートバッファ回路に接続している。2 入力デコーダ回路の出力は，$D_{[S_1S_0]} = 1$ となる。ほかの D_i（$i \neq [S_1S_0]$）は 0 である。よって，$X_{[S_1S_0]} = A_{[S_1S_0]}$ であり，ほかの X_i（$i \neq [S_1S_0]$）は Z（ハイインピーダンス）となる。したがって，バスの値は $A_{[S_1S_0]}$ となり，4 入力セレクタ回路の出力と同じになる。つまり，図 (a) と図 (b) は出力がつねに等しい等価な回路である。一般に 2^n ビットの場合，2^n 入力セレクタ回路は，n ビットデコーダ回路と 2^n 個のスリーステートバッファ回路でつくることができる。

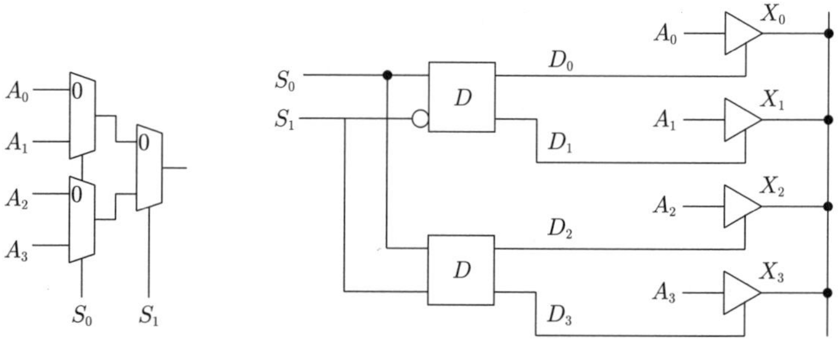

（a） 4 入力セレクタ回路　　（b） 2 入力デコーダ回路とスリーステートバッファ回路

図 2.14　4 入力セレクタ回路，およびそれと等価な 2 入力デコーダ回路とスリーステートバッファ回路

これらの組み合わせ回路の大きさを評価する。簡単のため，汎 2 入力ゲート回路と同じく，スリーステートバッファ回路の個数も組み合わせ回路の大きさに含めることにする。n ビットデコーダ回路の大きさは $2^{n+1} - 4$ であり，2^n 個のスリーステートバッファ回路の大きさは 2^n なので，これらを用いた 2^n 入力セレクタ回路の大きさは，$3 \cdot 2^n - 4$ となる。一方，2 入力セレクタ回路を用いた 2^n 入力セレクタ回路の大きさは，$3 \cdot 2^n - 3$ なので，大きさはほぼ同じである。

2^n 入力セレクタ回路の入力が複数ビットのビット列の場合，デコーダ回路を用いたほうが組み合わせ回路の大きさが小さくなる。つまり，図 2.14 において，A_0，A_1，A_2，A_3 がそれぞれ m ビットのビット列とする。スリーステートバッファ回路は，m 個の各ビットに対して 1 個のスリーステートバッファ回路を用いるが，デコーダ回路はそのまま全体で 1 個あればよい。一般に，2^n 入力セレクタ回路の場合，1 個の 2^n 入力デコーダ回路と m ビットのスリーステートバッファ回路を 2^n 個用いるので，大きさは $2^{n+1}-4+m2^n=(m+2)2^n-4$ となる。一方，2^n 入力セレクタ回路を m 個用いる場合，2 入力セレクタ回路を合計 $m(2^n-1)$ 個用いるので，大きさは，$3m(2^n-1)$ となり，m が大きい場合，約 3 倍の大きさとなる。よって，各入力がビット列の場合，セレクタ回路はデコーダ回路とスリーステートバッファ回路を用いたほうが小さな組み合わせ回路となる。

2.5 バレルシフト回路

2^n 入力バレルシフト回路は，2^n ビットの入力 $X = X_{2^n-1}X_{2^n-2}\cdots X_0$ と n ビットの入力が $S = S_{n-1}S_{n-2}\cdots S_0$ を持ち，出力は 2^n ビットの $Y = Y_{2^n-1}Y_{2^n-2}\cdots Y_0$ である。ここで，$S=[S_{n-1}S_{n-2}\cdots S_0]$ とすると，各出力はつぎの論理式で得られる。

$$\begin{aligned} Y_i &= X_{i-S} \qquad (i \geqq S) \\ &= 0 \qquad (i \leqq S-1) \end{aligned} \tag{2.28}$$

つまり，入力のビット列 $X = X_{2^n-1}X_{2^n-2}\cdots X_0$ を S ビット分左にシフトしたものが出力となる。例えば，入力 $X=00010111$ を $S=[011]=3$ ビット左にシフトすると，出力は $Y=10111000$ となる。よって，入力の上位 S ビット $X_{2^n-1}, X_{2^n-2},\cdots, X_{2^n-S}$ がすべて 0 であれば，つぎの式が成り立ち，2^S 倍の計算とみなせる。

$$[Y_{2^n-1}Y_{2^n-2}\cdots Y_0] = [X_{2^n-1}X_{2^n-2}\cdots X_0] \times 2^S$$

例えば，$[00010111] = 23$ は 3 ビットシフトで $[10111000] = 184$ となるが，これは $2^3 = 8$ 倍になっている。

図 2.15 はバレルシフト回路である。入力が接続する 8 個の 2 入力セレクタ回路を用いて，S_0 が 1 のときは 1 ビットシフトしたもの，0 のときはシフトしないものを選択している。そして，その出力がつぎの 8 個のセレクタ回路に入力しており，S_1 が 1 のときは 2 ビットシフトしたもの，0 のときはシフトしないものを選択している。最後のセレクタ回路では，S_2 の値によって，4 ビットシフトしたものを選択している。よって，出力は $S = [S_2S_1S_0]$ ビットシフトしたものとなる。すべて 1 の場合は，$S = 7$ なので，7 ビットシフトとなる。

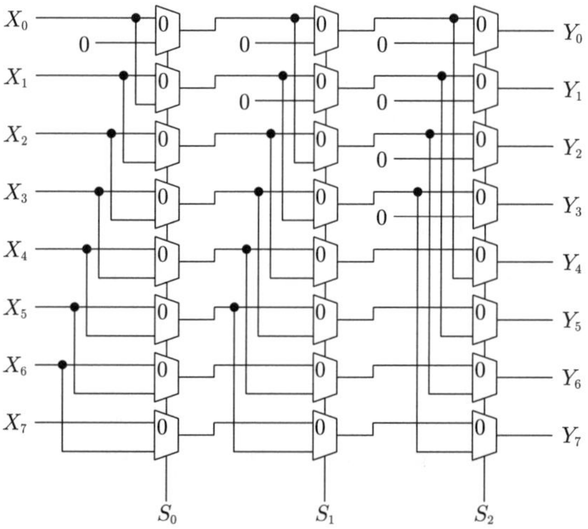

図 2.15　8 入力バレルシフト回路

2^n 入力バレルシフト回路は，$n2^n$ 個の 2 入力セレクタ回路を用いる。そのうち，$2^0 + 2^1 + \cdots + 2^{n-1} = 2^n - 1$ 個は，片方の入力が 0 なので，2 入力の組み合わせ回路となり，1 個の汎 2 入力ゲートでつくることができる。2 入力セレクタ回路の大きさは 3 なので，2^n 入力バレルシフト回路の大きさは，$3 \cdot \{n2^n - (2^n - 1)\} + 2 \cdot (2^n - 1) = (3n - 1)2^n + 1$ となる。

同様に，バレルシフト回路を変更し，右シフトを行うようにすることもできる。この場合，出力はつぎの論理式で決められる。

$$
\begin{aligned}
Y_i &= X_{i+S} \qquad (i+S \leqq n-1) \\
&= 0 \qquad (i+S \geqq n)
\end{aligned}
\tag{2.29}
$$

例えば，入力が $X = 10111110$ で $s = [011] = 3$ ビット右にシフトすると，$Y = 00010111$ となる。同様に，つぎの式が成り立つ。

$$
[Y_{2^n-1}Y_{2^n-2}\cdots Y_0] = \left\lfloor \frac{[X_{2^n-1}X_{2^n-2}\cdots X_0]}{2^S} \right\rfloor \tag{2.30}
$$

ここで $\lfloor x \rfloor$ は x の小数点以下を切り捨てた整数を表す。よって，2^S での割り算で，小数点以下切り捨ての計算を行っているとみなせる。例えば，先の例では，$X = [10111110] = 190$，$Y = [00010111] = 23$ であるが，$\lfloor 190/2^3 \rfloor = 23$ の計算を行っているとみなせる。

演習問題

【2.1】 自分の生まれた年月を 10 進数（例えば，2003 年 5 月生まれなら，20035）とみなし，それを 2 進数に変換せよ。そして，その 2 進数を 10 進数に変換し，もとの 10 進数と一致することを確認せよ。

【2.2】 3 入力セレクタ回路を設計し図示せよ。具体的には，入力は S_0，S_1，A_0，A_1，A_2 の五つで，出力は，$S_1S_0 = 00, 01, 10$ のとき $A_{[S_1S_0]}$ を出力し，$S_1S_0 = 11$ が入力されることはない。回路はなるべく小さくすること。

【2.3】 16 入力セレクタ回路を 2 入力セレクタ回路を用いて設計し，図示せよ。

【2.4】 5 入力論理関数 $f(X_4, X_3, X_2, X_1, X_0)$ を $[X_4X_3X_2X_1X_0]$ の値が 3 の倍数のとき 1，それ以外は 0 とする。ただし，0 は 3 の倍数でないものとする。この論理関数を計算する組み合わせ回路を，図 2.9 と同様に汎 2 入力ゲートとセレクタ回路を用いて設計せよ。

【2.5】 つぎの二つの $2n$ 変数論理関数 f と g について，$n = 3$ の場合にこれらを図 2.9 と同様に汎 2 入力ゲートとセレクタ回路を用いて設計せよ。$2n$ 変数の場合の回路の大きさを n の関数でそれぞれ示せ。

$$
\begin{aligned}
& f(X_0, X_1, \cdots, X_{2n-1}) \\
& \quad = X_0 \cdot X_1 + X_2 \cdot X_3 + \cdots + X_{2n-2} \cdot X_{2n-1} \\
& g(X_0, X_1, \cdots, X_{2n-1}) \\
& \quad = X_0 \cdot X_n + X_1 \cdot X_{n+1} + \cdots + X_{n-1} \cdot X_{2n-1}
\end{aligned}
$$

【2.6】 3 入力論理関数 $f(X_0, X_1, X_2)$ は $2^8 = 256$ 通り存在する。このことを利用して，n が十分に大きいとき，任意の n 変数論理関数 $f(X_0, X_1, X_2, \cdots, X_{n-1})$ が大きさ $(3/8) \cdot 2^n + C$（C は定数）の組み合わせ回路で計算できることを示せ（ヒント：図 2.8 の任意の n 変数論理関数を計算する回路では，3 変数論理関数 $f_{x_{n-1}x_{n-2}\cdots x_3}(X_0, X_1, X_2)$ を計算するのに 2^{n-3} 個の 2 入力セレクタ回路を用いることになる。これを 256 個以下に削減できる）。

【2.7】 **【2.6】**の削減方法をさらに 4 入力論理関数に適用し，任意の n 変数論理関数 $f(X_0, X_1, X_2, \cdots, X_{n-1})$ が大きさ $(3/16) \cdot 2^n + C$（C は定数）の組み合わせ回路で計算できることを示せ。

【2.8】 n 入力デコーダ回路の入力と出力が入れ替わった回路を **2^n 入力エンコーダ回路**と呼ぶ。具体的には，入力は $D_0, D_1, \cdots, D_{2^n-1}$，出力は $S_0, S_1, \cdots, S_{n-1}$ で，入力のうち一つだけが 1 で，残りは 0 である。そして，$D_i = 1$ のとき，$i = [S_{n-1}S_{n-2}\cdots S_0]$ を満たすように，出力値が決まる。2^3 入力エンコーダ回路を設計せよ。また，2^n 入力エンコーダ回路の大きさを求めよ。

【2.9】 16 入力バレルシフト回路を 2 入力セレクタ回路を用いて設計せよ。

【2.10】 2^n 入力バレルシフト回路の出力を

$$
\begin{aligned}
Y_i &= X_{i-S} && (i \geqq S) \\
&= X_{i-S+2^n} && (i \leqq S-1)
\end{aligned}
$$

に変更した回路を **2^n 入力サイクリックシフト回路**と呼ぶ。8 入力サイクリックシフト回路を 2 入力セレクタ回路を用いて設計せよ。また，2^n 入力サイクリックシフト回路の大きさを求めよ。

3章 算術演算回路

◆本章のテーマ

ビット列で負の数を表現するための方法と，加算・減算・乗算を行うための組み合わせ回路や，演算結果のオーバーフローの判定方法について学ぶ。また，小数点数の扱い方とアンダーフローについて理解する。

◆本章の構成（キーワード）

3.1　符号付き 2 進数
　　符号付き絶対値表現，1 の補数表現，2 の補数表現，符号拡張

3.2　インクリメント回路
　　半加算器

3.3　加算回路
　　全加算器，桁上がり，オーバーフロー

3.4　減算回路
　　負論理，桁下がり，オーバーフロー

3.5　乗算回路
　　全加算器，桁上がり，オーバーフロー

3.6　小数点数
　　0 捨 1 入，固定小数点数，浮動小数点数，アンダーフロー

◆本章を学ぶと以下の内容をマスターできます

☞　負の数のビット列での表現方法
☞　符号なし 2 進数と 2 の補数の加算回路，減算回路，乗算回路の設計方法
☞　オーバーフローの判定方法
☞　固定小数点数と浮動小数点数が示す値の求め方
☞　固定小数点数の加算回路，減算回路，乗算回路

3.1 符号付き 2 進数

符号なし整数のビット列 $X_{n-1}X_{n-2}\cdots X_0$ の値 $[X_{n-1}X_{n-2}\cdots X_0]$ は式 (2.1) で求められ，0 以上 2^n-1 以下の値をとる。本節では**負の数**を扱うために，符号なし 2 進数を拡張する三つの方法を示す。ここでは，簡便のため，**正の数**は，0 も含むものとして取り扱う。三つの方法のいずれの場合も $X_{n-1}=0$ のときは正であり，符号なし 2 進数とみなしたときの値 $[X_{n-2}X_{n-3}\cdots X_0]$ と一致する。$X_{n-1}=1$ の場合の値が三つの方法で異なる。

3.1.1 符号付き絶対値表現

符号付き絶対値表現では $X_{n-1}=1$ はマイナス符号であることを意味し，残りのビットが絶対値を表す。よって，ビット列 $X_{n-1}X_{n-2}\cdots X_0$ が符号付き絶対値表現の場合の表す値を $[X_{n-1}X_{n-2}\cdots X_0]_A$ とすると，その値はつぎの式で定義される。

$$[X_{n-1}X_{n-2}\cdots X_0]_A=[X_{n-2}X_{n-3}\cdots X_0]\times(1-2X_{n-1}) \tag{3.1}$$

ここで，$X_{n-1}=0$ のとき $(1-2X_{n-1})=1$，$X_{n-1}=1$ のとき $(1-2X_{n-1})=-1$ であることに注意せよ。$n-1$ ビットの符号なし 2 進数表現の最大値は $2^{n-1}-1$ なので，符号付き絶対値表現がとる値の最小値と最大値は，つぎのようになる。

$$[X_{n-1}X_{n-2}\cdots X_0]_A \geqq [\overbrace{11\cdots 1}^{n-1}]\times(-1)=-(2^{n-1}-1) \tag{3.2}$$

$$[X_{n-1}X_{n-2}\cdots X_0]_A \leqq [\overbrace{11\cdots 1}^{n-1}]\times 1=2^{n-1}-1 \tag{3.3}$$

また，$X_{n-2}=X_{n-3}=\cdots=X_0=0$ のときは，X_{n-1} の値に関わらず $[X_{n-1}X_{n-2}\cdots X_0]_A=0$ である。つまり，符号付き絶対値表現 $000\cdots 0$ と $100\cdots 0$ は両方とも 0 である。明らかに，最上位ビット X_{n-1} をその論理否定 $\overline{X_{n-1}}$ に置き換えれば，**符号反転**となる。符号反転とは，値 x を $-x$ に変える

ことであり，絶対値が同じでプラスであればマイナスに，マイナスであればプラスに符号が変わる。したがって，つぎの式が成り立つ。

$$[\overline{X_{n-1}}X_{n-2}\cdots X_0]_A = -[X_{n-1}X_{n-2}\cdots X_0]_A \tag{3.4}$$

3.1.2 1の補数表現

ビット列 $X_{n-1}X_{n-2}\cdots X_0$ のすべてのビットを反転した $\overline{X_{n-1}}\ \overline{X_{n-2}}\cdots\overline{X_0}$ を2進法での**1の補数**と呼ぶ。1の補数表現では，$X_{n-1}X_{n-2}\cdots X_0$ の1の補数はその値の符号反転となる。つまり，1の補数表現のとる値を $[X_{n-1}X_{n-2}\cdots X_0]_1$ と表すと，つぎの式が成り立つ。

$$-[X_{n-1}X_{n-2}\cdots X_0]_1 = [\overline{X_{n-1}}\ \overline{X_{n-2}}\cdots\overline{X_0}]_1 \tag{3.5}$$

よって，$X_{n-1}=1$ のとき，つぎの式が成り立つ。

$$\begin{aligned}[X_{n-1}X_{n-2}\cdots X_0]_1 &= -[0\overline{X_{n-2}}\cdots\overline{X_0}] = -\sum_{i=0}^{n-2}\overline{X_i}\cdot 2^i \\ &= \sum_{i=0}^{n-2}(X_i-1)\cdot 2^i = [X_{n-2}\cdots X_0]-(2^{n-1}-1)\end{aligned} \tag{3.6}$$

また，$X_{n-1}=0$ のとき，$[X_{n-1}X_{n-2}\cdots X_0]_1 = [X_{n-2}\cdots X_0]$ なので，1の補数 $X_{n-1}X_{n-2}\cdots X_0$ の値は，つぎの式で計算される。

$$[X_{n-1}X_{n-2}\cdots X_0]_1 = [X_{n-2}\cdots X_0]-(2^{n-1}-1)\cdot X_{n-1} \tag{3.7}$$

この値のとる最小値と最大値は，つぎのように計算できる。

$$[X_{n-1}X_{n-2}\cdots X_0]_1 \geqq [\overbrace{00\cdots0}^{n-1}]-(2^{n-1}-1) = -(2^{n-1}-1) \tag{3.8}$$

$$[X_{n-1}X_{n-2}\cdots X_0]_1 \leqq [\overbrace{11\cdots1}^{n-1}] = 2^{n-1}-1 \tag{3.9}$$

よって，符号付き絶対値表現と1の補数の値の範囲は同じである。また，$[11\cdots1]_1 = [00\cdots0]_1 = 0$ が成り立つので，2通りの値が0であるビット列が存在する。

3.1.3 2 の補数表現

ビット列 $X_{n-1}X_{n-2}\cdots X_0$ の全ビットを反転した $\overline{X_{n-1}}\ \overline{X_{n-2}}\cdots\overline{X_0}$ に 1 を加算したものを 2 進法での **2 の補数**と呼ぶ。ただし，$\overline{X_{n-1}}\ \overline{X_{n-2}}\cdots\overline{X_0} = 11\cdots1$ のときは, 1 を加算すると $n+1$ ビットの 2 進数 $100\cdots0$ となってしまう。この場合のみ最上位の 1 を無視して n ビットの $00\cdots0$ とする。$X_{n-1}X_{n-2}\cdots X_0$ を 2 の補数表現とみなしたときの値を $[X_{n-1}X_{n-2}\cdots X_0]_2$ と書く。2 の補数表現では，値の符号反転は 2 の補数となるように，つぎの式を満たすものとする。

$$-[X_{n-1}X_{n-2}\cdots X_0]_2 = [\overline{X_{n-1}}\ \overline{X_{n-2}}\cdots\overline{X_0}]_2 + 1 \tag{3.10}$$

よって，$X_{n-1} = 1$ のとき，つぎの式が成り立つ。

$$[X_{n-1}X_{n-2}\cdots X_0]_2 = -1 - [0\overline{X_{n-2}}\cdots\overline{X_0}] = -1 - \sum_{i=0}^{n-2}\overline{X_i}\cdot 2^i \tag{3.11}$$

$$= -1 + \sum_{i=0}^{n-2}(X_i - 1)\cdot 2^i = [X_{n-2}\cdots X_0] - 2^{n-1} \tag{3.12}$$

また，$X_{n-1} = 0$ のとき，$[X_{n-1}X_{n-2}\cdots X_0]_1 = [X_{n-2}\cdots X_0]$ なので，2 の補数 $X_{n-1}X_{n-2}\cdots X_0$ の値はつぎの式で計算される。

$$[X_{n-1}X_{n-2}\cdots X_0]_2 = [X_{n-2}\cdots X_0] - 2^{n-1}\cdot X_{n-1} \tag{3.13}$$

2 の補数のとる値の最小値と最大値は，つぎのようになる。

$$[X_{n-1}X_{n-2}\cdots X_0]_2 \geqq [\overbrace{00\cdots0}^{n-1}] - 2^{n-1} = -2^{n-1} \tag{3.14}$$

$$[X_{n-1}X_{n-2}\cdots X_0]_2 \leqq [\overbrace{11\cdots1}^{n-1}] = 2^{n-1} - 1 \tag{3.15}$$

2 の補数表現の場合，符号を反転するには，全ビット列を反転して 1 を加算すればよい。ただし，最小値 -2^{n-1} である $X_{n-1}X_{n-2}\cdots X_0 = 10\cdots0$ の場合，符号反転は，2 の補数表現の最大値 $2^{n-1}-1$ を超えてしまう。全ビットを反転して 1 を加算したものは，同じ $10\cdots0$ となり，値は最小値 -2^{n-1} のままで符号反転にならないことに注意せよ。

表 3.1 は，4 ビットのビット列をそれぞれの表現法とみなしたときに，その値を示している。符号付き絶対値と 1 の補数では，0 の値が 2 通り存在する。したがって，二つの数が同じかどうか判定する場合に，0 を例外扱いする必要がある。例えば，符号付き絶対値であれば，0000 と 1000 は同じ値であると判定しなければならない。これらを組み合わせ回路で実現すると複雑になる。そこで，負の数を取り扱う場合には，2 の補数を採用することが多い。

表 3.1 符号なし 2 進数，符号付き絶対値，1 の補数，および 2 の補数表示の値

$X_3X_2X_1X_0$	符号なし 2 進数 $[X_3X_2X_1X_0]$	符号付き絶対値 $[X_3X_2X_1X_0]_A$	1 の補数 $[X_3X_2X_1X_0]_1$	2 の補数 $[X_3X_2X_1X_0]_2$
0000	0	0	0	0
0001	1	1	1	1
0010	2	2	2	2
0011	3	3	3	3
0100	4	4	4	4
0101	5	5	5	5
0110	6	6	6	6
0111	7	7	7	7
1000	8	0	−7	−8
1001	9	−1	−6	−7
1010	10	−2	−5	−6
1011	11	−3	−4	−5
1100	12	−4	−3	−4
1101	13	−5	−2	−3
1110	14	−6	−1	−2
1111	15	−7	0	−1

3.1.4 ビット拡張

準備として，ビット列について繰り返し回数を指定する表記を導入する。例えば，真理値 X と整数 n に対して，X^n は X の n 回の繰り返しである。また $X^4 = XXXX$，$0^4 = 0000$ である。n ビットのビット列 $X_{n-1}X_{n-2}\cdots X_0$ を m ビット分増やし，$n+m$ ビットに**ビット拡張**することを考える。ただし，

ビット拡張してもその値が変わらないようにしたい。このビット列が符号なし 2 進数であれば，m 個の 0 を上位桁に付けるだけでよい。つまり，ビット拡張は $0^m X_{n-1}X_{n-2}\cdots X_0$ となる。

一方，ビット列が 2 の補数の場合に，同様に m 個の 0 を上位桁に付けると，値が変わることがある。例えば，4 ビットの 1101 に 0000 を付加して 8 ビットにすると 00001101 となる。$[1101]_2 = -3$ と $[00001101]_2 = 13$ より，値が一致しない。この場合，0 を付加するのではなく，1111 を付加すると 11111101 となり，$[11111101]_2 = -3$ なので値は一致する。一般に n ビットを $n+m$ ビットにビット拡張する場合，最上位ビット X_{n-1} を m 個付加して，$X_{n-1}^m X_{n-1}X_{n-2}\cdots X_0$ とする。この $n+m$ ビットの 2 の補数の値を計算すると，つぎのようになる。

$$
\begin{aligned}
[X_{n-1}^m X_{n-1}X_{n-2}\cdots A_0]_2 &= [X_{n-1}^{m-1} X_{n-1}X_{n-2}\cdots X_0] - 2^{n+m-1}\cdot X_{n-1} \\
&= [X_{n-2}X_{n-3}\cdots X_0] + \left(\sum_{i=n-1}^{n+m-2} 2^i\right)\cdot X_{n-1} - 2^{n+m-1}\cdot X_{n-1} \\
&= [X_{n-2}X_{n-3}\cdots X_0] - 2^{n-1}\cdot X_{n-1} \\
&= [X_{n-1}X_{n-2}\cdots X_0]_2 \qquad (3.16)
\end{aligned}
$$

よって，X_{n-1} を m 個付加するビット拡張により，値が不変であることがわかる。2 の補数では X_{n-1} は符号を表すので，このビット拡張を**符号拡張**と呼ぶ。

3.2　インクリメント回路

ビット列に 1 を加算する**インクリメント回路**を設計する。この組み合わせ回路の入力は n ビット $X_{n-1}X_{n-2}\cdots X_0$ で，出力も n ビット $S_{n-1}S_{n-2}\cdots S_0$ である。これらの n ビットを符号なし 2 進数とみなし，入力に 1 を加算した値を出力する。つまり，$[S_{n-1}S_{n-2}\cdots S_0] = [X_{n-1}X_{n-2}\cdots X_0] + 1$ を満たす。ただし，$X_{n-1}X_{n-2}\cdots X_0 = 11\cdots 1$ のときは，$[X_{n-1}X_{n-2}\cdots X_0] + 1 = 2^n$ となってしまう。n ビット符号なし整数の最大値 $2^n - 1$ を超えているので，n ビットで表すことはできない。$n+1$ ビット符号なし整数で表すと $100\cdots 0$ となる。そこで，この下位 n ビットを出力，つまり，$S_{n-1}S_{n-2}\cdots S_0 = 00\cdots 0$ とする。これを**オーバーフロー**（桁あふれ）と呼ぶ。よって，インクリメント回路の入力と出力の関係は，厳密にはつぎの式が成り立つ。ここで mod 2^n は 2^n で割った剰余である。

$$[S_{n-1}S_{n-2}\cdots S_0] = ([X_{n-1}X_{n-2}\cdots X_0] + 1) \bmod 2^n \qquad (3.17)$$

例として，$n = 4$ の場合についてインクリメント回路を設計する。**図 3.1** はインクリメントを筆算で求めるときの計算過程を表している。カッコ内は符号なし 2 進数の値の 10 進数表記である。10 進数の足し算と同様に，下の桁から順番にその桁の値と**桁上がり**を求めている。図では，4 ビット符号なし 2 進数である $X_3X_2X_1X_0$ に 1 を加算したときの加算結果を $S_3S_2S_1S_0$，桁上がりを $C_3C_2C_1C_0$ と表す。これらの求め方をみていく。

	$C_3\ C_2\ C_1\ C_0$	0 0 1 1	1 1 1 1
	$X_3\ X_2\ X_1\ X_0$	1 0 1 1 (11)	1 1 1 1 (15)
+	1	1 (1)	1 (1)
	$S_3\ S_2\ S_1\ S_0$	1 1 0 0 (12)	0 0 0 0 (0)

図 3.1　インクリメントの計算過程

最下位桁の加算結果 S_0 は，$X_0 = 0$ のとき $S_0 = 1$ で，$X_0 = 1$ のとき $S_0 = 0$ になる。また桁上がり C_0 は，$X_0 = 0$ のときに $C_0 = 0$ で，$X_0 = 1$ のとき $C_0 = 1$ となる。したがって，つぎの式で表される。

$$S_0 = \overline{X_0}, \qquad C_0 = X_0$$

つぎの桁は，下位桁からの桁上がり C_0 と X_1 のうち 1 の個数が 1 個のとき $S_1 = 1$ となる。また，桁上がり C_1 は $X_1 = C_0 = 1$ のとき $C_1 = 1$ となる。したがって，S_1 と C_1 はつぎの式で計算できる。

$$S_1 = X_1 \oplus C_0, \qquad C_1 = X_1 \cdot C_0$$

さらに，残りの桁も同様に計算できる。

$$S_2 = X_2 \oplus C_1, \qquad C_2 = X_2 \cdot C_1$$

$$S_3 = X_3 \oplus C_2, \qquad C_3 = X_3 \cdot C_2$$

以上を踏まえて，一般の n ビットインクリメント回路を設計するための論理関数をつくる。論理関数 h をつぎのように定める。

$$h(X, C) = (X \oplus C, X \cdot C) \tag{3.18}$$

すると，$X_{n-1}X_{n-2}\cdots X_0$ の値に 1 を加算したときの結果 $S_{n-1}S_{n-2}\cdots S_0$ と桁上がり $C_{n-1}C_{n-2}\cdots C_0$ は，論理関数 h を用いてつぎのように計算できる。

$$\begin{aligned}(S_i, C_i) &= h(X_0, 1) \qquad (i = 0)\\ &= h(X_i, C_{i-1}) \qquad (i = 1, 2, \cdots, n-1)\end{aligned} \tag{3.19}$$

よって，論理関数 h を計算する回路を n 個使えば，インクリメント回路をつくることができる。この論理関数 h を計算する回路を**半加算器**（half adder, HA）と呼ぶ。**図 3.2**(a) は，論理関数 h による半加算器の回路図であり，図

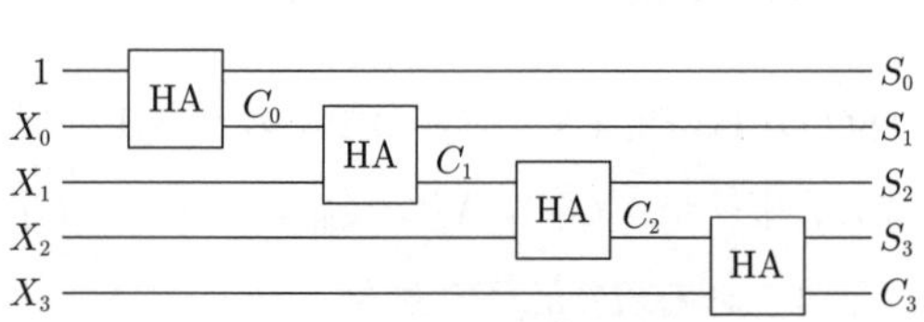

(a)　半加算器　　(b)　半加算器の回路記号

(c)　4 ビットインクリメント回路

図 3.2　半加算器，半加算器の回路記号，および 4 ビットインクリメント回路

(b) の回路記号は半加算器を表す。半加算器は，汎 2 入力ゲートを 2 個用いるので，その大きさは 2 である。また，図 (c) は半加算器とそれを 4 個用いた 4 ビットインクリメント回路を示している。

$X_{n-1}X_{n-2}\cdots X_0 = 11\cdots 1$ のときは，1 を加算するとオーバーフローとなるが，このときのみ $C_{n-1} = 1$ となる。よって，オーバーフローの発生は，C_{n-1} の値で判定することができる。また，$n+1$ ビット $C_{n-1}S_{n-1}S_{n-2}\cdots S_0$ を加算結果とみなせば，オーバーフローは発生せず，つねに正しい加算結果となる。

半加算器の大きさは 2 なので，n 個の半加算器を用いる n ビットインクリメント回路の大きさは $2n$ である。$h(X_0, 1)$ を求める半加算器は，X_0 の論理否定を計算するだけなので，1 個の NOT ゲートでよい。また，出力 C_{n-1} が必要なければ，最後の半加算器も 1 個の XOR ゲートだけ用いればよい。よって，n ビット $S_{n-1}S_{n-2}\cdots S_0$ を求める n ビットインクリメント回路の大きさは $2n-2$ に減らせる。

3.3 加　算　回　路

二つの整数の合計を求める**加算回路**を設計する。入力を 2 個の n ビット $X_{n-1}X_{n-2}\cdots X_0$ と $Y_{n-1}Y_{n-2}\cdots Y_0$ とし，出力を n ビット $S_{n-1}S_{n-2}\cdots S_0$ とする。入出力のビット列が符号なし 2 進数の場合と 2 の補数のそれぞれの場合について分けて考える。

3.3.1 符号なし 2 進数の加算回路

まず，$n = 4$ ビットの場合に符号なし 2 進数の加算回路を設計する。図 **3.3** に筆算で加算を行うときの計算過程を表している。二つの 4 ビット整数を $X_3X_2X_1X_0$ と $Y_3Y_2Y_1Y_0$，この加算結果を $S_3S_2S_1S_0$ とし，桁上がりを $C_3C_2C_1C_0$ とする。10 進数の場合の筆算による加算と同様に，下位の桁から順に加算を行い，その桁の値と桁上がりを求めている。この計算過程を論理式で再現する。

$C_3\,C_2\,C_1\,C_0$	0 1 1 0	0 0 1 1	1 1 1 0
← ← ← ←	← ← ← ←	← ← ← ←	← ← ← ←
$X_3\,X_2\,X_1\,X_0$	0 1 1 0 (6)	0 0 1 1 (3)	0 1 1 0 (6)
$+\ Y_3\,Y_2\,Y_1\,Y_0$	+ 0 0 1 1 (3)	+ 1 0 1 1 (11)	+ 1 0 1 1 (11)
$S_3\,S_2\,S_1\,S_0$	1 0 0 1 (9)	1 1 1 0 (14)	0 0 0 1 (1)

図 3.3　符号なし 2 進数の加算の計算過程

最下位桁は，X_0 と Y_0 の片方だけが 1 のとき，$S_0 = 1$ となる。また，X_0 と Y_0 が両方とも 1 のとき，$C_0 = 1$ となる。したがって，S_0 と C_0 の論理式はつぎのようになる。

$$S_0 = X_0 \oplus Y_0, \qquad C_0 = X_0 \cdot Y_0$$

つぎの桁では，X_1，Y_1，C_0 の 1 の個数が奇数のとき，$S_1 = 1$ になる。また，これら 3 個のビットのうち 1 が 2 個以上のとき，$C_1 = 1$ になる。したがって，S_1 と C_1 がつぎの論理式で求められる。

$$S_1 = X_1 \oplus Y_1 \oplus C_0, \qquad C_1 = X_1 \cdot Y_1 + Y_1 \cdot C_0 + C_0 \cdot X_1$$

同様に，残りの桁もつぎの論理式で表すことができる。

$$S_2 = X_2 \oplus Y_2 \oplus C_1, \qquad C_2 = X_2 \cdot Y_2 + Y_2 \cdot C_1 + C_1 \cdot X_2$$

$$S_3 = X_3 \oplus Y_3 \oplus C_2, \qquad C_3 = X_3 \cdot Y_3 + Y_3 \cdot C_2 + C_2 \cdot X_3$$

以上を踏まえて，一般の n ビット加算回路を設計するための論理式をつくる。そのために，論理関数 f をつぎのように定める。

$$f(X,Y,Z) = (X \oplus Y \oplus Z, X \cdot Y + Y \cdot Z + Z \cdot X) \tag{3.20}$$

$X \oplus Y \oplus Z$ は X，Y，Z の三つのうち 1 の個数が奇数のとき 1 となり，偶数のとき 0 である。また，$X \cdot Y + Y \cdot Z + Z \cdot X$ は，1 の個数が 2 以上のときに 1 になる。この論理関数 f を計算する回路を**全加算器**（full adder，FA）と呼ぶ。**図 3.4**(a) では，この論理式をもとに，3 入力 XOR ゲート 1 個，2 入力 AND ゲート 3 個，および 3 入力 OR ゲート 1 個で全加算器を設計している。3

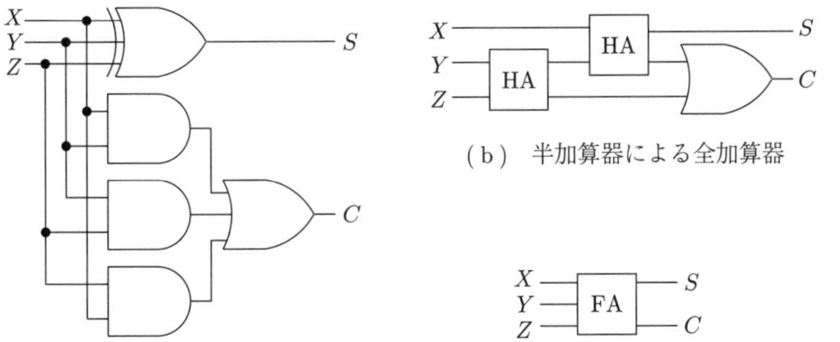

(a) 論理式による全加算器　(b) 半加算器による全加算器　(c) 全加算器の回路記号

図 3.4　論理式による全加算器，半加算器による全加算器，および全加算器の回路記号

入力ゲートは 2 個の汎 2 入力ゲートでつくることができるので，この全加算器の大きさは 7 となる。一方，図 (b) で示したとおり，半加算器 2 個と OR ゲート 1 個で全加算器を設計することも可能である。この回路では，Y と Z を半加算器で加算し，その加算結果と X を半加算器で加算している。いずれかの半加算器において桁上がりが 1 となれば，全加算器としての桁上がりも 1 となる。よって，2 個の半加算器の桁上がりを OR ゲートで接続したものを全加算器の桁上がりとしている。このことから，直感的に図 (b) が論理関数 f を正しく計算することがわかる。さらに，つぎの論理式が成り立つことからも，正しいことが確認できる。

$$S = X \oplus (Y \oplus Z) = X \oplus Y \oplus Z \tag{3.21}$$

$$C = X \cdot (Y \oplus Z) + Y \cdot Z = X \cdot Y + Y \cdot Z + Z \cdot X \tag{3.22}$$

半加算器の大きさは 2 なので，この設計方法による全加算器の大きさは 5 である。この入力 X，Y，Z と出力 S，C を持つ全加算器を図 3.4 (c) の回路記号で表すことにする。

この全加算器の論理関数 f と半加算器の論理関数 h を用いると，2 個の n ビット $X_{n-1}X_{n-2}\cdots X_0$ と $Y_{n-1}Y_{n-2}\cdots Y_0$ を加算したときの結果 $S_{n-1}S_{n-2}\cdots S_0$ と桁上がり $C_{n-1}C_{n-2}\cdots C_0$ は，つぎの論理式で求められる。

$$
\begin{aligned}
(S_i, C_i) &= h(X_0, Y_0) &\quad (i = 0)\\
&= f(X_i, Y_i, C_{i-1}) &\quad (i = 1, 2, \cdots, n-1)
\end{aligned} \tag{3.23}
$$

よって，論理関数 f を計算する全加算器を $n-1$ 個と半加算器を 1 個用いることにより，n ビット加算回路を設計することができる。**図 3.5** は 4 ビット加算回路を示している。

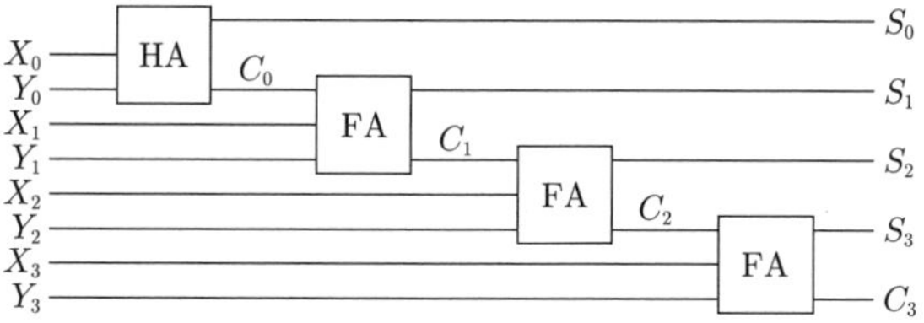

図 3.5　4 ビット加算回路

最後の桁上がり C_{n-1} を出力に加えて，$n+1$ ビット $C_{n-1}S_{n-1}S_{n-2}\cdots S_0$ の符号なし 2 進数を加算結果とみなせば

$$
[C_{n-1}S_{n-1}S_{n-2}\cdots S_0] = [X_{n-1}X_{n-2}\cdots X_0] + [Y_{n-1}Y_{n-2}\cdots Y_0] \tag{3.24}
$$

がつねに成り立ち，加算結果は正しい。一方，n ビット $S_{n-1}S_{n-2}\cdots S_0$ を加算結果とすると，n ビットの符号なし 2 進数の最大値は 2^n-1 なので，加算結果がこの値を超えるときは，加算結果がオーバーフローとなり，正しい結果にならない。このとき，$C_{n-1}=1$ となるので，C_{n-1} の値でオーバーフローか否かが判定できる。

n ビット加算回路は，大きさ 2 の半加算器を 1 個と大きさ 5 の全加算器を $n-1$ 個用いるので，その大きさは $2+5(n-1)=5n-3$ である。また，出力 C_{n-1} が不要であれば，この全加算器を 1 個の 3 入力 XOR ゲートに置き換えることができる。3 入力 XOR ゲートの大きさは 2 なので，n ビット加算回路の大きさは，$2+5(n-2)+2=5n-6$ に削減できる。

3.3.2 2の補数の加算回路

図 3.6 は，2の補数の場合の加算の手順を示している。符号なし2進数と同じ手順で加算が行える。したがって，2の補数の場合の加算も，図3.5の加算回路で計算することができる。

$C_3\,C_2\,C_1\,C_0$	1 1 1 0	1 1 1 1	1 0 0 0
← ← ← ←	← ← ← ←	← ← ← ←	← ← ← ←
$X_3\,X_2\,X_1\,X_0$	0 1 1 0 (6)	1 1 1 1 (−1)	1 0 1 1 (−5)
+ $Y_3\,Y_2\,Y_1\,Y_0$	+ 1 0 1 1 (−5)	+ 1 1 1 1 (−1)	+ 1 1 0 0 (−4)
$S_3\,S_2\,S_1\,S_0$	0 0 0 1 (1)	1 1 1 0 (−2)	0 1 1 1 (7)

図 3.6 2の補数の場合の加算の計算過程

加算結果が n ビットの2の補数 $S_{n-1}S_{n-2}\cdots S_0$ で表されるので，その値の範囲は，-2^{n-1} 以上 $2^{n-1}-1$ 以下である。よって，加算結果がこの範囲でない場合は，オーバーフローとなり正しくない値となる。2の補数の場合は，$C_{n-1} \oplus C_{n-2} = 1$ のとき，かつそのときのみオーバーフローが発生する。このオーバーフローの判定方法が正しいことを，**図 3.7** を用いて3通り（正＋正，正＋負，負＋負）に分けて確認する。負＋正の場合は，正＋負と同じなので省略する。図は $n = 4$ の場合なので，$C_3 \oplus C_2 = 1$ のとき，かつそのときのみオーバーフローとなることを示す。

$C_3\,C_2\,C_1\,C_0$	$0\;\;C_2\,C_1\,C_0$	$C_3\,C_2\,C_1\,C_0$	$1\;\;C_2\,C_1\,C_0$
← ← ← ←	← ← ← ←	← ← ← ←	← ← ← ←
$X_3\,X_2\,X_1\,X_0$	$0\;\;X_2\,X_1\,X_0$	$0\;\;X_2\,X_1\,X_0$	$1\;\;X_2\,X_1\,X_0$
+ $Y_3\,Y_2\,Y_1\,Y_0$	+ $0\;\;Y_2\,Y_1\,Y_0$	+ $1\;\;Y_2\,Y_1\,Y_0$	+ $1\;\;Y_2\,B_1\,B_0$
$S_3\,S_2\,S_1\,S_0$	$S_3\,S_2\,S_1\,S_0$	$S_3\,S_2\,S_1\,S_0$	$S_3\,S_2\,S_1\,S_0$

図 3.7 2の補数の加算でオーバーフローが起きる場合

〔1〕 正＋正の場合　$X_3 = Y_3 = 0$ なので，$C_3 = 0$ と $S_3 = C_2$ がつねに成り立つ。$S_3 = C_2 = 1$ のとき加算結果 $S_3S_2S_1S_0$ が負となり，オーバーフローになる。また，$S_3 = C_2 = 0$ のとき，加算結果は正となり，オーバーフローではない。よって，$C_3 \oplus C_2 = 1$ のとき，かつそのときのみオーバーフローとなる。

〔**2**〕 **正＋負の場合**　　このとき，オーバーフローになることはない。$X_3 = 0$，$Y_3 = 1$ なので，$C_3 = C_2$ となる。よって，つねに $C_3 \oplus C_2 = 0$ となる。

〔**3**〕 **負＋負の場合**　　$X_3 = Y_3 = 1$ なので，$C_3 = 1$ と $S_3 = C_2$ が成り立つ。$S_3 = C_2 = 0$ のとき，加算結果 $S_3S_2S_1S_0$ が正となり，オーバーフローになる。このとき，$C_3 \oplus C_2 = 1$ である。一方，$S_3 = C_2 = 1$ のとき，加算結果が負であり，オーバーフローにならない。このとき，$C_3 \oplus C_2 = 0$ である。

以上より，$C_3 \oplus C_2 = 1$ のとき，かつそのときのみオーバーフローとなることが確認できる。

3.4　減 算 回 路

まず，入力と出力が 2 の補数とみなした場合の**減算回路**を設計する。入力を 2 個の n ビット $X_{n-1}X_{n-2}\cdots X_0$ と $Y_{n-1}Y_{n-2}\cdots Y_0$ とし，出力を n ビット $S_{n-1}S_{n-2}\cdots S_0$ とする。このとき，$[X_{n-1}X_{n-2}\cdots X_0]_2-[Y_{n-1}Y_{n-2}\cdots Y_0]_2 = [S_{n-1}S_{n-2}\cdots S_0]_2$ となるように出力を求める。式 (3.10) より，全ビットを反転し，1 を加算すると符号が反転する。これを $Y_{n-1}Y_{n-2}\cdots Y_0$ に適用すると，加算により減算を行うことができる。つまり，つぎの式が成り立つので，$X_{n-1}X_{n-2}\cdots X_0$ と $\overline{Y_{n-1}}\ \overline{Y_{n-2}}\cdots\overline{Y_0}$ と 1 の三つの加算を行えばよい。

$$
\begin{aligned}
&[X_{n-1}X_{n-2}\cdots X_0]_2 - [Y_{n-1}Y_{n-2}\cdots Y_0]_2 \\
&\quad = [X_{n-1}X_{n-2}\cdots X_0]_2 + [\overline{Y_{n-1}}\ \overline{Y_{n-2}}\cdots\overline{Y_0}]_2 + 1
\end{aligned}
\tag{3.25}
$$

図 3.8 は 2 の補数の場合の減算の例を三つ示している。$5-7=-2$ の減算計算は，筆算で行う 10 進数の引き算と同様に，最下位桁から順に減算すればよい。$0-1$ のように引く数のほうが大きい場合は，上位の桁から 1 を借りてくる**桁下がり**が 1 になる。この減算を加算で行うために，7 の符号反転である -7 を加算する。そのために 0111(7) を全ビット反転した 1000(-8) と 1 を加算すればよい。つまり，$5+(-8)+1=-2$ で表される加算を行う。この加算のときの桁上がりは，減算のときの桁上がりとちょうど否定の関係になる。つ

$$\begin{array}{rcccc} & C_3 & C_2 & C_1 & C_0 \\ & \rightarrow & \rightarrow & \rightarrow & \rightarrow \\ & X_3 & X_2 & X_1 & X_0 \\ - & Y_3 & Y_2 & Y_1 & Y_0 \\ \hline & S_3 & S_2 & S_1 & S_0 \end{array} \qquad \begin{array}{rcccc} & \overline{C_3} & \overline{C_2} & \overline{C_1} & \overline{C_0} \\ & \leftarrow & \leftarrow & \leftarrow & \leftarrow \\ & 0 & X_2 & X_1 & X_0 \\ & 1 & \overline{Y_2} & \overline{Y_1} & \overline{Y_0} \\ + & & & & 1 \\ \hline & S_3 & S_2 & S_1 & S_0 \end{array}$$

$$\begin{array}{rccccl} & 1 & 1 & 1 & 0 & \\ & \rightarrow & \rightarrow & \rightarrow & \rightarrow & \\ & 0 & 1 & 0 & 1 & (5) \\ - & 0 & 1 & 1 & 1 & (7) \\ \hline & 1 & 1 & 1 & 0 & (-2) \end{array} \qquad \begin{array}{rccccl} & 0 & 0 & 0 & 1 & \\ & \leftarrow & \leftarrow & \leftarrow & \leftarrow & \\ & 0 & 1 & 0 & 1 & (5) \\ & 1 & 0 & 0 & 0 & (-8) \\ + & & & & 1 & (1) \\ \hline & 1 & 1 & 1 & 0 & (-2) \end{array}$$

$$\begin{array}{rccccl} & 1 & 1 & 0 & 1 & \\ & \rightarrow & \rightarrow & \rightarrow & \rightarrow & \\ & 0 & 0 & 1 & 0 & (2) \\ - & 1 & 1 & 0 & 1 & (-3) \\ \hline & 0 & 1 & 0 & 1 & (5) \end{array} \qquad \begin{array}{rccccl} & 0 & 0 & 1 & 0 & \\ & \leftarrow & \leftarrow & \leftarrow & \leftarrow & \\ & 0 & 0 & 1 & 0 & (2) \\ & 0 & 0 & 1 & 0 & (2) \\ + & & & & 1 & (1) \\ \hline & 0 & 1 & 0 & 1 & (5) \end{array}$$

$$\begin{array}{rccccl} & 0 & 1 & 0 & 1 & \\ & \rightarrow & \rightarrow & \rightarrow & \rightarrow & \\ & 1 & 0 & 1 & 0 & (-6) \\ - & 0 & 1 & 0 & 1 & (5) \\ \hline & 0 & 1 & 0 & 1 & (5) \end{array} \qquad \begin{array}{rccccl} & 1 & 0 & 1 & 0 & \\ & \leftarrow & \leftarrow & \leftarrow & \leftarrow & \\ & 1 & 0 & 1 & 0 & (-6) \\ & 1 & 0 & 1 & 0 & (-6) \\ + & & & & 1 & (1) \\ \hline & 0 & 1 & 0 & 1 & (5) \end{array}$$

図 3.8　2 の補数の場合の減算計算の例

まり，減算の桁下がりのビット列は上位桁から 1110 であるが，加算の桁上がりは 0001 となっている。この否定の関係が成り立つことは後で説明する。同様に，$2-(-3)=5$ の減算は，加算 $2+2+1=5$ により計算結果が得られ，桁上がりと桁下がりのビット列が反転していることが確認できる。また，$(-6)-5$ の減算結果 -11 は 4 ビットの 2 の補数の最小値 -8 より小さいので，正しい減算結果が得られず，オーバーフローとなる。

以上を踏まえて，$X_{n-1}X_{n-2}\cdots X_0$ と $Y_{n-1}Y_{n-2}\cdots Y_0$ の減算は，全加算器の論理関数 f を用いて，つぎの式で表すことができる。

$$\begin{aligned} (S_i,\overline{C_i}) &= f(X_0,\overline{Y_0},1) && (i=0) \\ &= f(X_i,\overline{Y_i},\overline{C_{i-1}}) && (i=1,2,\cdots,n-1) \end{aligned} \tag{3.26}$$

ここで，$\overline{C_i}$ は，論理変数 C_i の否定でなく，$\overline{C_i}$ そのものが論理変数を表すことに注意せよ。ただし，論理変数 $\overline{C_i}$ の否定 $\overline{\overline{C_i}}$ を C_i と書くことにする。このような論理変数は，**負論理**と呼ばれ，なんらかの動作をさせたいときやある条件を満たした場合に 0 となるような論理変数である。一方，これまで用いてきた論理変数は，**正論理**と呼ばれ，これらの場合に 1 となる。論理式においては，どちらも同じ扱いであり，どのような場合に 1 となるかという意味付けが異なるだけである。減算において，あえて負論理を用いたのは，減算で桁下がりが

1となるときに，$\overline{C_i} = 0$ となるためである。負論理を用いることにより，桁下がりの値を C_i と書くことができる。

図3.8の減算の計算では，各桁において $X_i - Y_i - C_{i-1}$ の計算を行っている。この値が奇数になる場合に，$S_i = 1$ となる。また負になる場合に，$C_i = 1$ となる。よって，X_i，$\overline{Y_i}$，$\overline{C_{i-1}}$ のうち2個以上が1のときに，$C_i = 0$ となり，桁下がりが0となる。したがって，S_i と $\overline{C_i}$ はつぎの式で書くことができ，式(3.26)が正しいことが確認できる。

$$S_i = X_i \oplus \overline{Y_i} \oplus \overline{C_{i-1}} = X_i \oplus Y_i \oplus C_{i-1} \tag{3.27}$$

$$\overline{C_i} = X_i \cdot \overline{Y_i} + \overline{Y_i} \cdot \overline{C_{i-1}} + \overline{C_{i-1}} \cdot X_i \tag{3.28}$$

図3.9は，この論理式をもとに設計した4ビット減算回路である。全加算器にNOTゲートを付加した回路を4個用いている。

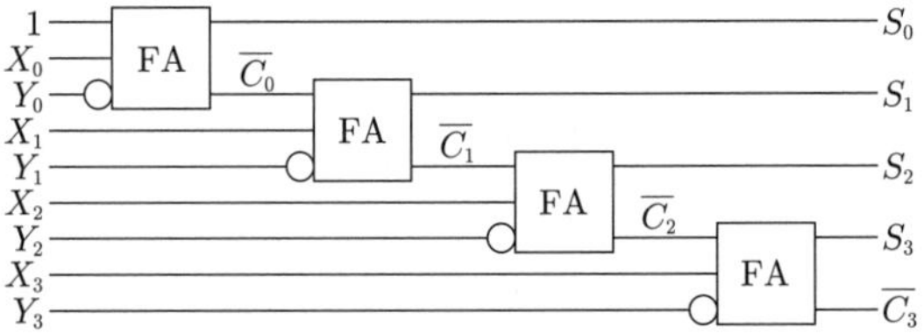

図3.9　4ビット減算回路

$C_{n-1} \oplus C_{n-2} = 1$ のとき，減算回路の減算結果は n ビットの2の補数の範囲外となり，オーバーフローとなる。4ビット減算回路について，**図3.10**を4通り（正 − 正，正 − 負，負 − 正，負 − 負）に分けて確認する。

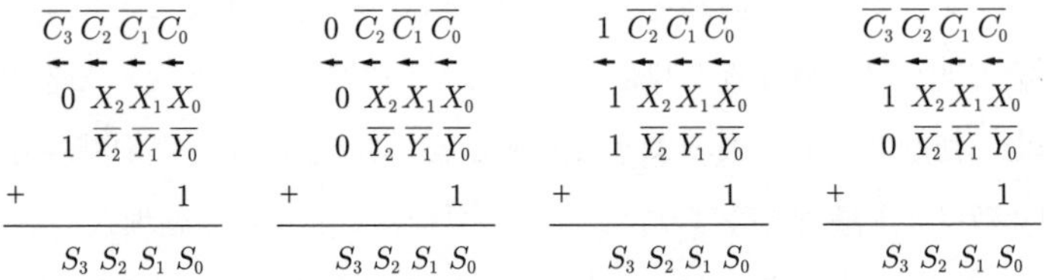

図3.10　正 − 正，正 − 負，負 − 正，および負 − 負の場合の2の補数の減算

〔**1**〕 **正 − 正の場合**　このとき，オーバーフローになることはない。$X_3 = 0$，$\overline{Y_3} = 1$ なので，$\overline{C_3} = \overline{C_2}$ がつねに成り立つ。よって，$C_3 \oplus C_2 = 0$ が成り立つ。

〔**2**〕 **正 − 負の場合**　減算結果は必ず正になる。$X_3 = \overline{Y_3} = 0$ なので，必ず $\overline{C_3} = 0$ と $S_3 = \overline{C_2}$ が成り立つ。$S_3 = \overline{C_2} = 1$ のとき，減算結果が負となり，オーバーフローになる。このとき，$C_3 \oplus C_2 = 1$ である。一方，$S_3 = \overline{C_2} = 0$ のとき，減算結果が正であり，オーバーフローにならない。このとき，$C_3 \oplus C_2 = 0$ である。

〔**3**〕 **負 − 正の場合**　減算結果は必ず負になる。$X_3 = \overline{Y_3} = 1$ なので，必ず $\overline{C_3} = 1$ と $S_3 = \overline{C_2}$ が成り立つ。$S_3 = \overline{C_2} = 0$ のとき，減算結果が正となり，オーバーフローになる。このとき，$C_3 \oplus C_2 = 1$ である。一方，$S_3 = \overline{C_2} = 1$ のとき，減算結果が負であり，オーバーフローにならない。このとき，$C_3 \oplus C_2 = 0$ である。

〔**4**〕 **負 − 負の場合**　このとき，オーバーフローになることはない。$X_3 = 1$，$\overline{Y_3} = 0$ なので，$\overline{C_3} = \overline{C_2}$ が成り立つ。よって，$C_3 \oplus C_2 = 0$ が成り立つ。

以上より，$C_3 \oplus C_2 = 1$ のとき，かつそのときのみオーバーフローとなることが確認できる。

図 3.9 の 4 ビット減算回路は，全加算器の入力に NOT ゲートを付加した回路（**減算器**と呼ぶ）を 4 個用いている。n ビット減算回路の場合は減算器を n 個用いることになる。全加算器は 5 個の汎 2 入力ゲートを用いるが，NOT ゲートの論理否定はそれが接続する汎 2 入力ゲートに取り込めるので，減算器も 5 個の汎 2 入力ゲートでつくることができる。また，X_0，Y_0，1 が入力される減算器は，二つの 2 入力関数を計算しているので，2 個の汎 2 入力ゲートでつくることができる。よって，n ビット減算回路の大きさは，$2 + 5(n-1) = 5n - 3$ である。また，C_{n-1} が不要であれば，S_{n-1} はつぎの式で計算することができ，減算器を 3 入力 XNOR ゲートに置き換えることができる。

$$S_{n-1} = \overline{X_{n-1} \oplus Y_{n-1} \oplus \overline{C_{n-2}}} \tag{3.29}$$

よって，S_{n-1} の計算は，2 個の 2 入力ゲートで行える。以上より，n ビット減算回路の大きさは，$2 + 5(n-2) + 2 = 5n - 6$ となる。

入力と出力が符号なし 2 進数の減算計算も図 3.9 の減算回路で行うことができる。**図 3.11** に減算の手順を示している。2 の補数の場合と同じである。オーバーフローが発生するのは，減算結果が負になる場合，つまり，$[X_{n-1}X_{n-2}\cdots X_0] < [Y_{n-1}Y_{n-2}\cdots Y_0]$ の場合である。このとき，最上位の桁下がりが 1，つまり $C_{n-1} = 1$ となる。例えば，図 3.9 の 4 ビット減算回路で符号なし 2 進数の減算を行った場合，出力 $\overline{C_3}$ が 0 のときにオーバーフローが発生する。

```
  0 0 1 0               1 1 0 1                1 0 1 0               0 1 0 1
  → → → →               ← ← ← ←                → → → →               ← ← ← ←
   0 1 0 1  (5)          0 1 0 1   (5)          0 1 0 1  (5)          0 1 0 1   (5)
 − 0 0 1 1  (3)          1 1 0 0  (−4)        − 0 1 1 0  (6)          1 0 0 1  (−7)
 ───────────         +         1   (1)        ───────────         +         1   (1)
   0 0 1 0  (2)        ───────────              1 1 1 1  (15)       ───────────
                         0 0 1 0   (2)                                1 1 1 1  (15)
```

図 3.11　符号なし 2 進数の減算

3.5　乗 算 回 路

二つの整数の乗算を行う乗算回路を設計する。乗算回路の入力は 2 個の 4 ビット $X_3X_2X_1X_0$ と $Y_3Y_2Y_1Y_0$ とし，出力を 1 個の 8 ビット $S_7S_6\cdots S_0$ とする。入出力のビット列が符号なし 2 進数と 2 の補数の場合に分けて設計する。このように，入力を 4 ビット，出力を 8 ビットに固定して設計するが，ビット数が増えた場合にも容易に拡張できる。

3.5.1　符号なし 2 進数の乗算回路

4 ビットの符号なし 2 進数の入力は 0 以上 15 以下なので，乗算結果は 0 以上 225 以下となる。8 ビットの符号なし 2 進数は 0 以上 255 以下なのでオーバーフローは発生しない。ただし，乗算結果を入力と同じ 4 ビット $S_3S_2S_1S_0$ とする場合は，乗算結果が 16 以上の場合，つまり，S_4，S_5，S_6，S_7 に 1 が含まれる場合は，オーバーフローとなる。

10 進数の乗算を筆算で計算する場合と同様の計算方法で 2 進数の乗算を行うことができる。**図 3.12** は，符号なし 2 進数の乗算の計算方法を表している。ここで，$P_{ij} = Y_i \cdot X_j$（$0 \leqq i, j \leqq 3$）とする。4 ビットの乗算が 4 個の 4 ビットの数の加算で求められることがわかる。ただし，4 ビットは 1 桁ずつずれることになる。この計算が正しいことは，つぎの式から確認できる。

$$
\begin{aligned}
[X_3X_2X_1X_0] \times [Y_3Y_2Y_1Y_0] &= \sum_{i=0}^{3} [X_3X_2X_1X_0] \cdot Y_i \cdot 2^i \\
&= \sum_{i=0}^{3} [P_{i3}P_{i2}P_{i1}P_{i0}] \cdot 2^i
\end{aligned}
$$

$$
\begin{array}{ccccccccc}
 & & & & & X_3 & X_2 & X_1 & X_0 \\
 & & & & \times & Y_3 & Y_2 & Y_1 & Y_0 \\
\hline
 & & & & & P_{03} & P_{02} & P_{01} & P_{00} \\
 & & & & P_{13} & P_{12} & P_{11} & P_{10} & \\
 & & & P_{23} & P_{22} & P_{21} & P_{20} & & \\
+ & & P_{33} & P_{32} & P_{31} & P_{30} & & & \\
\hline
 & S_7 & S_6 & S_5 & S_4 & S_3 & S_2 & S_1 & S_0
\end{array}
\qquad
\begin{array}{cccccccccc}
 & & & & & 1 & 1 & 0 & 1 & (13) \\
 & & & & \times & 1 & 0 & 1 & 1 & (11) \\
\hline
 & & & & & 1 & 1 & 0 & 1 & (13) \\
 & & & & 1 & 1 & 0 & 1 & & (26) \\
 & & & 0 & 0 & 0 & 0 & & & (0) \\
+ & & 1 & 1 & 0 & 1 & & & & (104) \\
\hline
 & 1 & 0 & 0 & 0 & 1 & 1 & 1 & 1 & (143)
\end{array}
$$

図 3.12　符号なし 2 進数の乗算

四つの 2 進数 $P_{i3}P_{i2}P_{i1}P_{i0}$（$0 \leqq i \leqq 3$）の合計を求めれば，乗算結果となる。図 3.12 より，$[1101] = 13$，$[1011] = 11$，$[10001111] = 143$ の計算が正しく行えていることが確認できる。

図 3.13(b) は，図 3.12 の乗算を行う回路である。各 P_{ij} を計算する 2 入力 AND ゲートは省略されている。X，Y，Z を入力とし，S，C を出力とする図 (a) の全加算器（FA）を 12 個用いている。ただし，X，Y，Z の入力のうち，2 個しか用いていないものは，半加算器（HA）に置き換えることができる。図 (b) では，4 個が半加算器となっている。最下位桁の S_0 は P_{00} と等しい。つぎの桁の S_1 は半加算器を用いて $P_{01} + P_{10}$ を計算する。和が S_1 となり桁上がりを左の全加算器に入力する。この桁上がりと P_{02}，P_{11} の和を全加算器を用

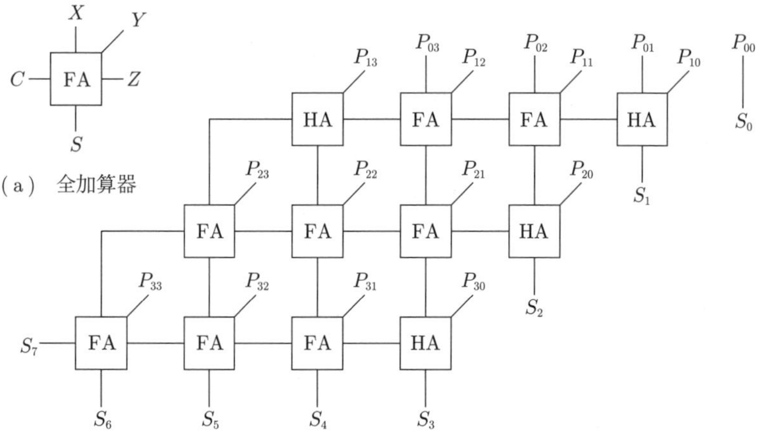

（a）　全加算器

（b）　符号なし 2 進数の 4 ビット乗算回路

図 3.13　全加算器と符号なし 2 進数の 4 ビット乗算回路

いて計算する。この和と P_{20} の和を下の半加算器で求めると，S_2 が得られる。2 個の全加算器の桁上がりは左の全加算器に入力する。同様に繰り返すことにより，正しい乗算結果 $S_7S_6\cdots S_0$ が得られる。

図 3.13 (b) の 4 ビット乗算回路では, 各 P_{ij} を求めるのに 16 個の AND ゲートを用いる。また, 4 個の半加算器と 8 個の全加算器を用いている。よって, 4 ビット乗算回路の大きさは, $16+4{\cdot}2+8{\cdot}5 = 64$ である。一般の n ビット乗算回路の場合, n^2 個の AND ゲート, n 個の半加算器, $n(n-1)-n = n^2-2n$ 個の全加算器を用いる。したがって, n ビット乗算回路の大きさは, $n^2+2n+5(n^2-2n) = 6n^2-8n$ となる。

3.5.2　2 の補数の乗算回路

図 3.5 の加算回路は，符号なし 2 進数の場合と 2 の補数の場合でも正しく加算を行うことができた。しかし，図 3.13 (b) の符号なし 2 進数のための乗算回路は 2 の補数の場合，正しく乗算を行うことができない。実際，図 3.12 の乗算をそのまま 2 の補数の乗算とみなすと，$[1101]_2 = -3$，$[1011]_2 = -5$，$[10001111]_2 = -113$ となり，正しい結果にならない。そこで，図 3.13 (b) の

符号なし 2 進数の 4 ビット乗算回路を 2 の補数用に改造する。4 ビットの 2 の補数のとる値は −8 以上 7 以下なので，乗算結果は −56 以上 64 以下となる。8 ビットの 2 の補数のとる値は −128 以上 127 以下なので，オーバーフローが発生することはない。

図 3.14 は 2 の補数の乗算の計算手順を表している。ここで，$\overline{P_{ij}} = \overline{Y_i \cdot X_j}$ $(0 \leqq i, j \leqq 3)$ である。つまり，一部の P_{ij} ではその論理否定を用いる。そして，四つの数の加算は図 3.12 と同様に行う。ただし，S_7 の代わりに，その否定 $\overline{S_7}$ が求められる。$[\overline{1}0001111]_2 = [00001111]_2 = 15$ となるので，結果が正しいことが確認できる。

図 3.14 の乗算方法を回路化したものが**図 3.15** である。この 2 の補数の乗算

					X_3	X_2	X_1	X_0
×					Y_3	Y_2	Y_1	Y_0
				1	$\overline{P_{03}}$	P_{02}	P_{01}	P_{00}
				$\overline{P_{13}}$	P_{12}	P_{11}	P_{10}	
			$\overline{P_{23}}$	P_{22}	P_{21}	P_{20}		
+		P_{33}	$\overline{P_{32}}$	$\overline{P_{31}}$	$\overline{P_{30}}$			
	$\overline{S_7}$	S_6	S_5	S_4	S_3	S_2	S_1	S_0

					1	1	0	1	(−3)
				×	1	0	1	1	(−5)
				1	$\overline{1}$	1	0	1	
				$\overline{1}$	1	0	1		
			$\overline{0}$	0	0	0			
+		1	$\overline{1}$	$\overline{0}$	$\overline{1}$				
	$\overline{1}$	0	0	0	1	1	1	1	(15)

図 3.14　2 の補数の乗算

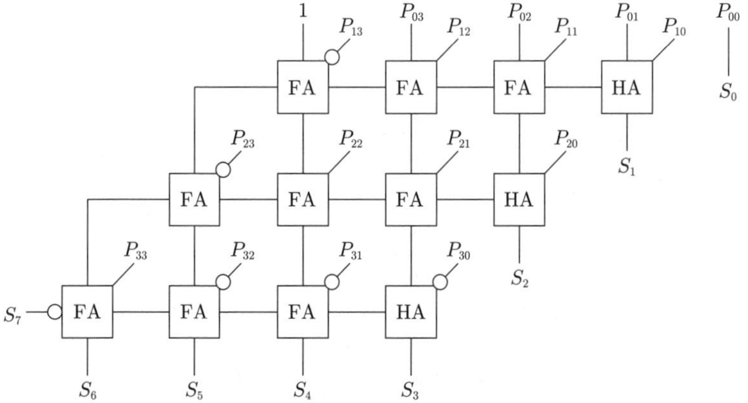

図 3.15　2 の補数の 4 ビット乗算回路

回路が正しいことを説明する。ここで，論理変数 X について，X' をつぎのように定める。

$$
\begin{aligned}
X' &= 0 \qquad (X = 0 \text{ のとき}) \\
&= -1 \qquad (X = 1 \text{ のとき})
\end{aligned}
\tag{3.30}
$$

2 の補数 $X_3X_2X_1X_0$ の値は，式 (3.13) をもとにつぎのように書くことができる。

$$
[X_3X_2X_1X_0]_2 = X_3' \cdot 2^3 + X_2 \cdot 2^2 + X_1 \cdot 2^1 + X_0 \cdot 2^0 \tag{3.31}
$$

そこで，$X_3'X_2X_1X_0$ と $Y_3'Y_2Y_1Y_0$ の乗算を行えば，2 の補数 $X_3X_2X_1X_0$ と $Y_3Y_2Y_1Y_0$ の乗算結果と一致する。**図 3.16** はその乗算を表している。ここで，16 個の P_{ij} で表される値の加算を求めるが，そのうち 6 個が P_{ij}' になっている。これは，$i = 3$ または $j = 3$ の場合であり，例えば，$Y_0 \cdot X_3'$ は P_{ij}' である。ただし，$i = 3$ かつ $j = 3$ の場合は，$Y_3' \cdot X_3' = Y_3 \cdot X_3 = P_{ij}$ となる。6 個の P_{ij}' を取り出すと，その値はつぎのように 8 ビットの 2 の補数で書き換えることができる。

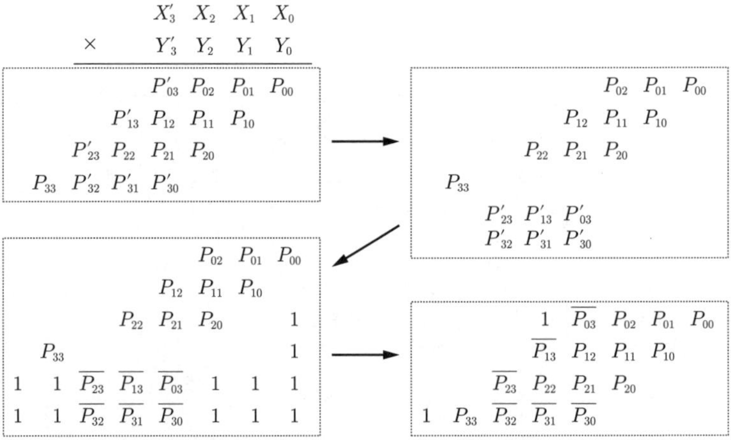

図 3.16　2 の補数の 4 ビット乗算回路の導出過程

$$P'_{23} \cdot 2^5 + P'_{13} \cdot 2^4 + P'_{03} \cdot 2^3 = -(P_{23} \cdot 2^5 + P_{13} \cdot 2^4 + P_{03} \cdot 2^3)$$
$$= [11\overline{P_{23}}\ \overline{P_{13}}\ \overline{P_{03}}111]_2 + 1 \qquad (3.32)$$

$$P'_{32} \cdot 2^5 + P'_{31} \cdot 2^4 + P'_{30} \cdot 2^3 = -(P_{32} \cdot 2^5 + P_{31} \cdot 2^4 + P_{30} \cdot 2^3)$$
$$= [11\overline{P_{32}}\ \overline{P_{31}}\ \overline{P_{30}}111]_2 + 1 \qquad (3.33)$$

したがって，図 3.16 に示したように，2 の補数 $11\overline{P_{23}}\ \overline{P_{13}}\ \overline{P_{03}}111$ と $11\overline{P_{32}}\ \overline{P_{31}}\ \overline{P_{30}}111$ で 6 個の P'_{ij} を置き換え，さらに，最下位桁に 2 個の 1 を加えればよい。ここで，すべての 1 だけを足し合わせて一つの 2 の補数にまとめると，つぎのようになる。

$$[11000111]_2 + [11000111]_2 + 1 + 1 = [10010000]_2 \qquad (3.34)$$

よって，1 を 2 個に減らすことができ，この 2 個の 1 と 6 個の $\overline{P_{ij}}$ を並べ替えると，2 の補数の乗算の計算手順を表す P_{ij} の配列が得られる。ここで最上位の 1 を省略すると，最上位桁 S_7 が反転することになる。省略したものが図 3.14 である。

2 の補数の乗算回路（図 3.15）を符号なし 2 進数の乗算回路（図 3.13）と比較すると，異なる点は以下のとおりである。

- 全加算器と半加算器のいくつかに NOT ゲートが付加されている。
- 半加算器の 1 個が全加算器に変わっており，その一つの入力が 1 である。

組み合わせ回路の大きさを評価する場合，NOT ゲートは無視できる。また，全加算器の入力の一つが固定されている場合，二つの出力は 2 入力論理関数で計算できるので，大きさは半加算器と同じ 2 となる。よって，2 の補数の n ビット乗算回路の大きさは，符号なし 2 進数の乗算回路と同じ $n^2+2n+5(n^2-2n) = 6n^2-8n$ である。

3.6 小 数 点 数

論理回路やコンピュータで小数点数を扱うのに，固定小数点数と浮動小数点数の 2 通りの方法がある。

3.6.1 固定小数点数

符号なし固定小数点では，例えば，8 ビットの数 10110011 を，整数部 3 ビット小数部 5 ビットの符号なし小数点数，つまり，101.10011 とみなす。上位ビットから，2^2 の位，2^1 の位，$\cdots$，2^{-5} の位とみなすので，固定小数点数 101.10011 の値はつぎのように計算できる。

$$
\begin{aligned}
[101.10011] &= 2^2 + 2^0 + 2^{-1} + 2^{-4} - 2^{-5} \\
&= 4 + 1 + 0.5 + 0.0625 + 0.03125 = 5.59375 \qquad (3.35)
\end{aligned}
$$

また，小数部が 5 ビットなので，$[10110011] = 179$ に 2^{-5} を乗じても，同じ結果が得られる。

$$
\begin{aligned}
[101.10011] &= [10110011] \cdot 2^{-5} = (2^7 + 2^5 + 2^4 + 2^1 + 2^0) \cdot 2^{-5} \\
&= 179 \cdot 0.03125 = 5.59375 \qquad (3.36)
\end{aligned}
$$

一般に，整数部 I ビット小数部 D の $n = I + D$ ビット符号なし固定小数点数 $X_{n-1}X_{n-2}\cdots X_0$ の表す値は

$$
\begin{aligned}
&[X_{n-1}X_{n-2}\cdots X_D.X_{D-1}\cdots X_0] \\
&\quad = \sum_{i=0}^{n-1} X_i 2^{i-D} = [X_{n-1}X_{n-2}\cdots X_0] \times 2^{-D} \qquad (3.37)
\end{aligned}
$$

となる。

10 進数で表された小数を符号なし固定小数点数に変換するには，整数部と小数部に分けて考える。例えば，5.59375 の場合，整数部の 5 の 2 進数は 101 で

ある。小数部の 0.59375 は 2 での乗算を繰り返す。繰り返すときに，整数部は切り捨てる。すると，つぎのように計算が繰り返される。

$$
\begin{aligned}
0.59375 \times 2 &= 1.1875 \\
0.1875 \times 2 &= 0.375 \\
0.375 \times 2 &= 0.75 \\
0.75 \times 2 &= 1.5 \\
0.5 \times 2 &= 1
\end{aligned}
$$

切り捨てた整数部を並べた 10011 が小数部の 2 進数表現となる。整数部と合わせて 101.10011 が 5.59375 の固定小数点数となる。

10 進数の小数点数が正確に符号なし固定小数点数に変換できるとは限らない。例えば，0.4 を 2 進数表現に変換しようとすると，つぎのように 2 での乗算を永久に繰り返す。

$$
\begin{aligned}
0.4 \times 2 &= 0.8 \\
0.8 \times 2 &= 1.6 \\
0.6 \times 2 &= 1.2 \\
0.2 \times 2 &= 0.4 \\
0.4 \times 2 &= 0.8 \\
&\vdots
\end{aligned}
$$

つまり，0.4 の固定小数点数は，$0.011001100110\cdots$ となり，0110 が循環する。もし無限のビット数の表現，つまり循環小数だとすれば，式 (3.38) のように 0.4 に一致することが確認できる。

$$
\begin{aligned}
&[0.011001100110\cdots] \\
&\quad = (2^{-2} + 2^{-3}) + (2^{-6} + 2^{-7}) + (2^{-10} + 2^{-11}) + \cdots
\end{aligned}
$$

$$= (2^{-2} + 2^{-3}) \cdot (2^0 + 2^{-4} + 2^{-8} + \cdots)$$

$$= (0.25 + 0.125) \cdot \frac{1}{1 - 2^{-4}} = \frac{0.375}{0.9375} = 0.4 \tag{3.38}$$

有限サイズの回路では，切り捨て等の処理が必要である。小数部 5 ビットより以降を切り捨てると，$[0.01100] = 0.375$ となり，0.025 の誤差が生じる。10 進数における四捨五入に相当する **0 捨 1 入**を行うと，小数点以下 6 桁目が 1 なので，これを切り上げ 5 桁目を 1 とすると，$[0.01101] = 0.40625$ となり，0.00625 の誤差となる。

符号なし固定小数点数と同様に，負の小数点数を扱うため，2 の補数固定小数点数が用いられる。一般に整数部 I ビット小数部 D ビットの $n = I + D$ ビット 2 の補数固定小数点数 $X_{n-1}X_{n-2}\cdots X_0$ の表す値は，つぎの式で計算される。

$$[X_{n-1}\cdots X_D.X_{D-1}\cdots X_0]_2 = [X_{n-1}\cdots X_0]_2 \times 2^{-D} \tag{3.39}$$

$[X_{n-1}\cdots X_0]_2$ は式 (3.13) を用いて求めることができる。例えば，[101.10011] の値はつぎのように計算できる。

$$[101.10011]_2 = [10110011]_2 \cdot 2^{-5} = ([110011]_2 - 2^7) \cdot 2^{-5}$$

$$= (51 - 128) \cdot 0.03125 = -2.40625 \tag{3.40}$$

3.6.2　固定小数点数の算術演算回路

ビット列が固定小数点数の場合でも，整数用の加算回路がそのまま使える。図 3.5 の 4 ビット加算回路を用いれば，固定小数点数 $X_3X_2.X_1X_0$ と $Y_3Y_2.Y_1Y_0$ の合計 $S_3S_2.S_1S_0$ を求めることができる。整数の場合と同様，固定小数点数が符号なしと 2 の補数のいずれでも同じ加算回路を使うことができる。

乗算回路の場合も整数の場合と同じ回路を用いることができるが，小数点の位置が変わるので注意する必要がある。図 3.13 の 4 ビット乗算回路を用いれば，符号なし固定小数点数 $X_3X_2.X_1X_0$ と $Y_3Y_2.Y_1Y_0$ の積を符号なし固定小数点数 $S_7S_6S_5S_4.S_3S_2S_1S_0$ として求めることができる。ここで，小数部が 2 ビットから 4 ビットに増えていることに注意せよ。一般に入力の小数部が D ビットのとき，出力の小数部は $2D$ ビットになる。そこで，入力と同じ整数部 2 ビット小数部 2 ビットにする場合，$S_5S_4.S_3S_2$ だけ残せばよい。この場合小数部 2 ビット以下は切り捨てとなる。最大値は $11.11 = 3.75$ であり，この値を超える場合，つまり S_6 または S_7 が 1 の場合はオーバーフローとなる。また，0 でない最小値は $0.01 = 0.25$ であり，積がこの値を下回る場合，乗算結果が 0 になってしまう**アンダーフロー**となる。つまり $S_2, S_3, \cdots, S_7$ がすべて 0 で，S_0 または S_1 が 1 の場合は，S_1S_0 を切り捨てることによって 0 となり，アンダーフローとなる。例えば，0.11 と 0.01 の積は，0.0011 となり，切り捨てにより 0 となる。

また，図 3.15 の 2 の補数 4 ビット乗算回路は，同様に 2 の補数固定小数点の乗算に用いることができる。

3.6.3 浮動小数点数

浮動小数点数は，**符号部**，**仮数部**，**指数部**の三つから構成される。例えば，符号部 S，仮数部 4 ビット $X_3X_2X_1X_0$，指数部 4 ビット $Y_3Y_2Y_1Y_0$ の浮動小数点数の表す数は，つぎのようになる。

$$(-1)^S \times [0.X_3X_2X_1X_0] \times 2^{[Y_3Y_2Y_1Y_0]_2} \tag{3.41}$$

例えば，$S = 1$，$X_3X_2X_1X_0 = 1011$，$Y_3Y_2Y_1Y_0 = 1001$ のとき，その値はつぎのように計算できる。

$$\begin{aligned}(-1)^1 \times [0.1101] \times 2^{[1001]_2} &= (-1) \times 13 \times 2^{-4} \times 2^{-7} \\ &= -13 \times 2^{-11} = -0.00634765625\end{aligned} \tag{3.42}$$

ソフトウェアでは浮動小数点数を簡単に扱うことができる。しかし，デジタル回路で浮動小数点数を扱うのはかなり複雑である。一般の回路設計者が浮動小数点数の算術演算回路を設計することはほとんどない。浮動小数点数を使う場合は，あらかじめ設計された算術演算回路ライブラリを利用することが多い。浮動小数点数の場合も，有限のビット数なので，オーバーフローやアンダーフローが発生する可能性があるので，用いる場合は注意が必要である。

演習問題

【3.1】 自分の生まれた年月を 10 進数とみなし，それにマイナスを付けたもの（例えば，2003 年 5 月生まれなら，−20035）を 20 ビットの符号付き絶対値，1 の補数，2 の補数で示せ。

【3.2】 4 ビットの入力 $X_3X_2X_1X_0$ と 4 ビットの出力 $Y_3Y_2Y_1Y_0$ を持つ組み合わせ回路で，つぎの (1)〜(3) を満たすものをそれぞれ設計せよ。

(1)　$[Y_3Y_2Y_1Y_0]_A = -[X_3X_2X_1X_0]_A$

(2)　$[Y_3Y_2Y_1Y_0]_1 = -[X_3X_2X_1X_0]_1$

(3)　$[Y_3Y_2Y_1Y_0]_2 = -[X_3X_2X_1X_0]_2$

つまり，ビット列を符号付き絶対値，1 の補数，2 の補数のときに，符号反転したビット列を求める組み合わせ回路である。ただし，2 の補数で $X_3X_2X_1X_0 = 1000$ の場合，符号反転した値 8 は最大値を超えるので正しく求められなくてもよい。

【3.3】 4 ビットデクリメント回路は，入力 $X_3X_2X_1X_0$ と出力 $S_3S_2S_1S_0$ を持ち，$[S_3S_2S_1S_0] = ([X_3X_2X_1X_0] + 15) \bmod 16$ を満たす組み合わせ回路である。15 を加算しているので，1 を減算しているとみなせる。4 ビットデクリメント回路を設計せよ。

【3.4】 6 ビットの入力 $X_5X_4X_3X_2X_1X_0$ と 3 ビットの入力 $Y_2Y_1Y_0$ の加算結果を 6 ビット $S_5S_4S_3S_2S_1S_0$ で出力する回路を設計せよ。符号なし 2 進数と 2 の補数の場合のそれぞれについて設計すること。

【3.5】 4 ビットの入力 $X_3X_2X_1X_0$ と $Y_3Y_2Y_1Y_0$ の加算結果を 5 ビット $S_4S_3S_2S_1S_0$ で求める加算回路を設計せよ。符号なし 2 進数と 2 の補数の場合のそれぞれについて設計すること。

【3.6】 図 3.5 を改造し，符号付き絶対値表現の 4 ビット加算回路を設計せよ。

【3.7】 **2 進化 10 進数表現**（**binary coded decimal, BCD**）とは 4 ビットを 10 進数の 1 桁として扱う整数の表現法である。例えば，16 ビット BCD 0100 0101 0110 0011 は，10 進数の 4563 を表す。4 ビットの BCD のインクリメント回路を設計せよ。具体的には，入力 $X_3X_2X_1X_0$ と出力 $S_3S_2S_1S_0$

を持ち，つぎを満たす。

$$[S_3S_2S_1S_0] = ([X_3X_2X_1X_0] + 1) \bmod 10 \quad ([X_3X_2X_1X_0] \leqq 9)$$

【3.8】 4 ビット BCD 2 倍器を設計せよ。具体的には，入力 $X_3X_2X_1X_0$ と出力 $S_3S_2S_1S_0$ と桁上がり C を持ち，つぎを満たす。

$$[S_3S_2S_1S_0] = [X_3X_2X_1X_0] \times 2,\ C = 0 \quad ([X_3X_2X_1X_0] \leqq 4)$$
$$[S_3S_2S_1S_0] = [X_3X_2X_1X_0] \times 2 - 10,\ C = 1 \quad (5 \leqq [X_3X_2X_1X_0] \leqq 9)$$

【3.9】 **【3.8】**の 4 ビット BCD 2 倍器を用いて，16 ビット BCD 2 倍回路を設計せよ。例えば，16 ビット BCD 0100 0101 0110 0011（10 進数で 4563）が入力されたとき，出力は 16 ビット BCD 1001 0001 0010 0110（10 進数で 9126）が出力されるようにせよ。

【3.10】 16 ビット BCD 2 倍回路を用いて，符号なし 2 進数を 16 ビット BCD に変換する回路を設計せよ。

【3.11】 2 個の 4 ビット入力 $X_3X_2X_1X_0$ と $Y_3Y_2Y_1Y_0$ が与えられたときに，つぎの 1 ビット C を出力する組み合わせ回路を設計せよ。

(1)　$[X_3X_2X_1X_0] > [Y_3Y_2Y_1Y_0]$ のとき，かつ，そのときのみ $C = 1$

(2)　$[X_3X_2X_1X_0] \geqq [Y_3Y_2Y_1Y_0]$ のとき，かつ，そのときのみ $C = 1$

(3)　$[X_3X_2X_1X_0]_2 > [Y_3Y_2Y_1Y_0]_2$ のとき，かつ，そのときのみ $C = 1$

(4)　$[X_3X_2X_1X_0]_2 \geqq [Y_3Y_2Y_1Y_0]_2$ のとき，かつ，そのときのみ $C = 1$

【3.12】 6 ビットの入力 $X_5X_4X_3X_2X_1X_0$ を 10 倍（2 進数では 1 010 倍）した値を 10 ビットの出力 $Y_9Y_8Y_7Y_6Y_5Y_4Y_3Y_2Y_1Y_0$ に求める回路を設計せよ。符号なし 2 進数と 2 の補数の場合のそれぞれについて設計すること。

【3.13】 円周率 3.141592 を整数部が 4 ビット，浮動小数点部が 6 ビットの固定小数点数で表せ。また，得られた固定小数点数と円周率の誤差を求めよ。

【3.14】 円周率 3.141592 を仮数部が 6 ビット，指数部が 4 ビットの浮動小数点数で表せ。また，得られた浮動小数点数と円周率の誤差を求めよ。

【3.15】 6 ビットの固定小数点数 $X_5X_4.X_3X_2X_1X_0$ に 0 捨 1 入を行い，4 ビット固定小数点 $Y_3Y_2.Y_1Y_0$ を求める組み合わせ回路を設計せよ。

【3.16】 仮数部 n ビット，指数部 m ビットの浮動小数点数が表すことのできる値の最大値と最小値を求めよ。また，表すことができる値（0 は除く）で絶対値が最小のものを求めよ。

4章 記憶回路

◆本章のテーマ

真理値を記憶するのに，フリップフロップが用いられる。NAND ゲート 2 個だけで構成される RS 型フリップフロップの機能を拡張していくことにより，非同期セット・非同期リセットが可能なクロックの立ち上がりで入力データを書き込む D 型フリップフロップを設計することができる。このフリップフロップが正しく動作するための条件を求める。また，フリップフロップを直列に並べた非同期カウンタ回路の動作を理解する。

◆本章の構成（キーワード）

4.1　フリップフロップの構造
　　RS 型フリップフロップ，D 型フリップフロップ，非同期セット，非同期リセット，レジスタ，イネーブル付きフリップフロップ

4.2　フリップフロップの時間定数
　　セットアップタイム，ホールドタイム，最小アクセスタイム，最大アクセスタイム，メタステーブル状態

4.3　フリップフロップを用いた回路
　　T 型フリップフロップ，非同期カウンタ，分周回路

◆本章を学ぶと以下の内容をマスターできます

☞　基本ゲート回路を用いたフリップフロップの段階的な構成方法
☞　フリップフロップが正しく動作するための条件
☞　T 型フリップフロップを用いた非同期カウンタとその動作

4.1　フリップフロップの構造

4.1.1　RS 型フリップフロップ

図 4.1 (a) は，2 個の NOT ゲートの入力と出力を環状につなげた**記憶回路**である。$Q = \overline{Q'}$，$Q' = \overline{Q}$ なので，$QQ' = 01$ または 10 で安定する。もし，$QQ' = 00$ の場合，NOT ゲートを通して $QQ' = 11$ となり，そして $QQ' = 00$ に戻るので，真理値の反転を繰り返し，不安定になる。物理現象なので，Q と Q' の真理値の反転に時間差が生じ，ある程度の時間が経つと，図 (b) のように $QQ' = 01$ または 10 のいずれかで安定する。安定な状態において Q の値を 1 ビットの情報とみなせば，この値を記憶（保持）しているとみなすことができる。また，回路に閉路が存在するので，この記憶回路は組み合わせ回路ではない。

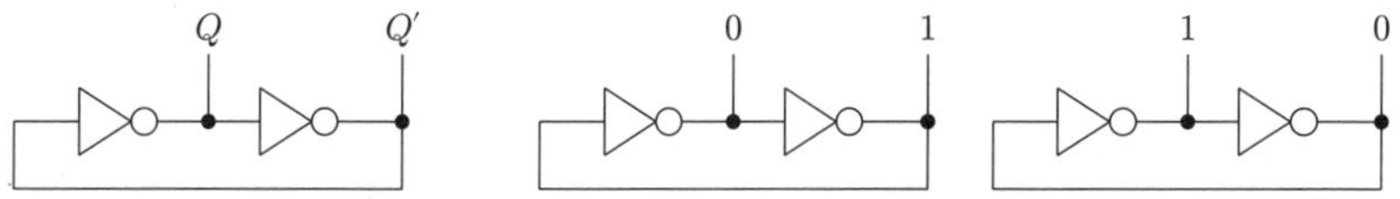

(a)　NOT ゲートによる記憶回路　　(b)　安定な状態

図 4.1　2 個の NOT ゲートによる記憶回路と安定な状態

図 4.1 の記憶回路では，保持している値を出力 Q や Q' から読み出すことができるが，その値を変更することができない。そこで，NOT ゲートを 2 入力 NAND ゲートに置き換えて，保持している値を変更できるようにしたのが**図 4.2** の記憶回路である。この記憶回路の入力は X と Y であり，出力は Q と Q' である。$XY = 11$ のとき，図 4.1 の記憶回路と等価であり，値を保持する。$XY = 01$ とすれば $QQ' = 10$ となり，$XY = 10$ のとき $QQ' = 01$ となる。こ

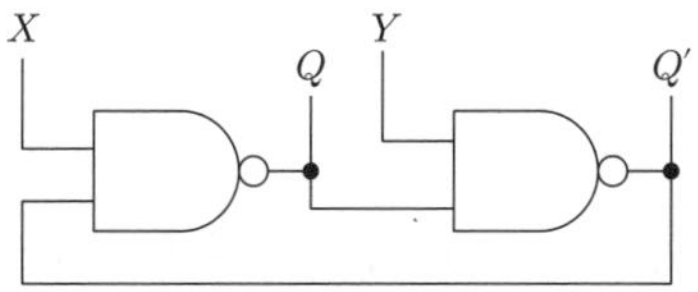

図 4.2　2 個の NAND ゲートによる記憶回路

のように図 4.2 の記憶回路では，値の保持と変更（書き込み）が可能になる。

図 4.2 の記憶回路を **RS 型フリップフロップ**（reset set flip flop：**SR 型フリップフロップ**とも呼ばれる）と呼び，**図 4.3** のように回路を描く。図 4.2 と図 4.3 (b) は，描き方と入力記号が異なるだけで，等価な回路である。図 4.3 (a) は，図 (b) の入力に NOT ゲートを挿入したものである。両方とも RS 型フリップフロップであるが，これらを区別する場合，図 (a) を正論理の RS 型フリップフロップ，図 (b) を負論理の RS 型フリップフロップと呼ぶ。

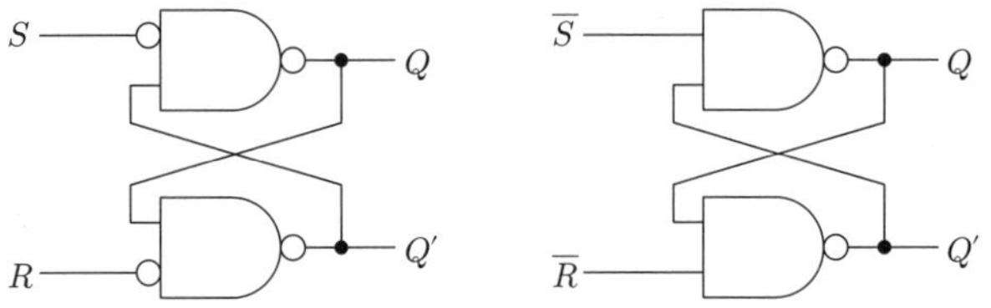

（a）　正論理　　　　（b）　負論理

図 4.3　正論理と負論理の RS 型フリップフロップ

正論理の RS 型フリップフロップの入力は S と R で，出力は Q と Q' である。出力 Q の値をフリップフロップが保持する値とみなす。基本的に，$S=1$ のときに保持する値 Q が 1 となり（セット），$R=1$ のときに $Q=0$ となる（リセット）。負論理の RS 型フリップフロップは，正論理の RS 型フリップフロップの入力 S と R に接続する NOT ゲートを削除したもので，負論理になる。したがって，入力に論理否定を付けて，$\overline{S}$ と $\overline{R}$ と表記しており，$\overline{S}=0$ のときに保持する値が 1 となり，$\overline{R}=0$ のときに 0 となる。入力の真理値が反転する以外は，正論理と負論理の両方とも同じ動作をする。

負論理の RS 型フリップフロップの動作の詳細を理解するために，出力 Q と Q' を論理式で書くと，つぎのようになる。

$$Q=\overline{\overline{S}\cdot Q'}, \qquad Q'=\overline{\overline{R}\cdot Q} \tag{4.1}$$

表 4.1 は，この論理式をもとに作成した負論理の RS 型フリップフロップの動作を表している。

表 **4.1**　負論理の RS 型フリップフロップの動作

$\overline{S}$	$\overline{R}$	Q	Q'	動　作
0	0	1　$(=\overline{0\cdot Q'})$	1　$(=\overline{0\cdot Q})$	異常
0	1	1　$(=\overline{0\cdot Q'})$	0　$(=\overline{1\cdot Q}=\overline{1\cdot 1})$	セット
1	0	0　$(=\overline{1\cdot Q'}=\overline{1\cdot 1})$	1　$(=\overline{0\cdot Q})$	リセット
1	1	$\overline{Q'}$　$(=\overline{1\cdot Q'})$	$\overline{Q}$　$(=\overline{1\cdot Q})$	値の保持

$\overline{S}\,\overline{R}=01, 10, 11$ の場合は，QQ' の値は 01 または 10 である。つまり，$Q'=\overline{Q}$ がつねに成り立つ。このような場合を**正常**と呼ぶ。一方，$\overline{S}\,\overline{R}=00$ の場合は，$QQ'=11$ となって，$Q'=\overline{Q}$ が成り立たないので，**異常**と呼ぶ（不安定や禁止と呼ばれることもある）。正常な場合は，つねに $Q'=\overline{Q}$ が成り立つ。$\overline{S}\,\overline{R}=11$ のとき，QQ' の値は，正常な 01 または 10 のいずれかの値で安定する。$\overline{S}\,\overline{R}=01$ から $\overline{S}$ の値が反転し，11 に変化したとき，QQ' の値は変化前も変化後も 10 のままで安定する。同様に，$\overline{S}\,\overline{R}=10$ から $\overline{R}$ の値が反転し 11 に変化したとき，QQ' の値は変化前も変化後も 01 のままで安定する。$\overline{S}\,\overline{R}=00$ のときは，セットとリセットが同時に行われており，QQ' の値は 11（異常）である。このとき，$\overline{S}$ と $\overline{R}$ が同時に反転し $\overline{S}\,\overline{R}=11$ になったとき，QQ' の値は 11 で安定することはできない。$QQ'=01$ または 10 のいずれかに変化するが，どちらになるかはわからない。

図 4.4 は，RS 型フリップフロップの**タイミングチャート**である。タイミングチャートでは，入力 S と R に与えられる値の変化が左から右に向かって時間が経過する時系列で与えられ，その入力に対する出力 Q と Q' の値が示されている。$\overline{S}\,\overline{R}=10, 01$ の場合，$QQ'=\overline{R}\,\overline{S}$ となる。$\overline{S}\,\overline{R}=11$ のときは，その値になる直前の QQ' の値が保持される。ただし，直前が 00 の場合のみ，QQ' は

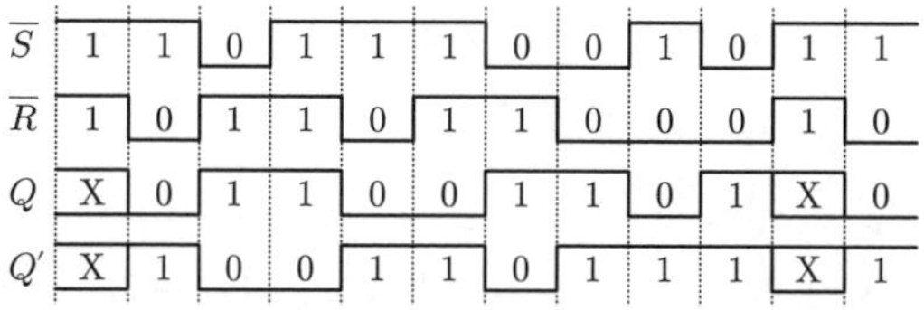

図 **4.4**　RS 型フリップフロップのタイミングチャート

01 か 10 のいずれの値になるか確定できないので，タイミングチャート上では**不定値**と考え，X と表す。また，タイミングチャート開始時は $\overline{S}\,\overline{R} = 11$ であるが，それより前の値が定められていないので，QQ' の値は決めることができず，不定値 X となる。

4.1.2　D 型 ラ ッ チ

負論理の RS 型フリップフロップを用いて **D 型ラッチ**を設計する。**図 4.5** (a) は D 型ラッチの回路図であり，入力 D と E が 2 個の NAND ゲートを通って，負論理の RS 型フリップフロップの入力 $\overline{S}$ と $\overline{R}$ に接続している。また，図 (b) の回路記号で D 型ラッチを表すことにする。

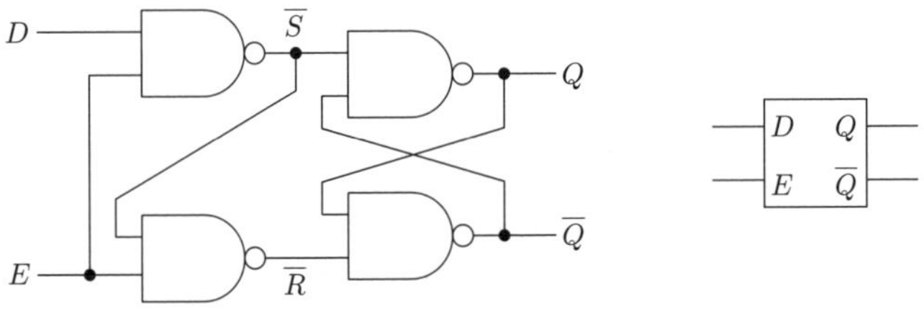

(a)　D 型ラッチの回路図　　　(b)　回路記号

図 4.5　D 型ラッチの回路図と回路記号

RS 型フリップフロップの入力 $\overline{S}$ と $\overline{R}$ は D と E の論理式でつぎのように書くことができる。

$$\overline{S} = \overline{D \cdot E}, \qquad \overline{R} = \overline{\overline{S} \cdot E} \tag{4.2}$$

$\overline{S} = 0$ のとき，$\overline{R} = \overline{0 \cdot E} = 1$ なので，$\overline{S}\,\overline{R} = 00$ になることはない。よって，D 型ラッチの中の RS 型フリップフロップが異常になることはなく，RS 型フリップフロップ出力 Q' は必ず $\overline{Q}$ となる。したがって，図 4.5 のように，D 型ラッチの出力 Q' を $\overline{Q}$ と書くことにする。そして，出力 Q の値を D 型ラッチが保持している値とみなす。$E = 0$ のときは，$\overline{S}\,\overline{R} = 00$ となるので，RS 型フリップフロップの動作は値の保持になる。$E = 1$ のときは，$\overline{S} = \overline{D}$，$\overline{R} = D$

表 **4.2**　D 型ラッチの動作

E	$\overline{S}$	$\overline{R}$	Q	動　作
0	1	1	Q	値の保持（オープン）
1	$\overline{D}$	D	D	値の書き込み（クローズ）

なので，$Q = D$ となり，D の値が D 型ラッチに書き込まれる。**表 4.2** は，以上の D 型ラッチの動作を表している。

表 4.2 から，入力 E は**図 4.6** に示したスイッチの役割をすることがわかる。図の箱は保持する値を示している。$E = 0$ のときは，スイッチがオープンで，D 型ラッチの値は保持され，その値が Q から出力される。$E = 1$ のときは，スイッチがクローズになり，入力 D がそのまま D 型ラッチに書き込まれ，その値がそのまま Q から出力されると考えることができる。

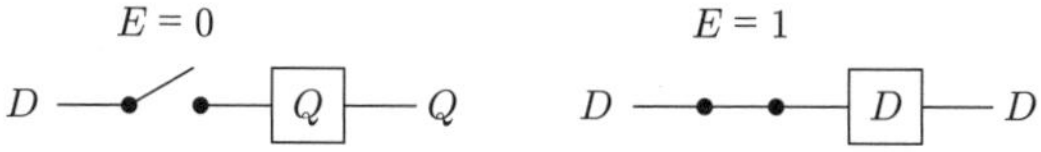

（a）オープン　　（b）クローズ

図 4.6　D 型ラッチの入力 E のスイッチの役割

図 4.7 は D 型ラッチのタイミングチャートである。$E = 1$ の間は，スイッチがクローズであり，D の値がそのまま Q に出力される。$E = 0$ の間は，スイッチがオープンであり，Q の値は変わらない。したがって，$E = 1$ から $E = 0$ になった瞬間の Q の値が保持されることになる。ただし，$E = 1$ から $E = 0$ になった瞬間に D の値が変わると，Q の値が 0 か 1 のどちらになるかは決められない。よって，タイミングチャート上では，出力 Q は不定値 X となる。

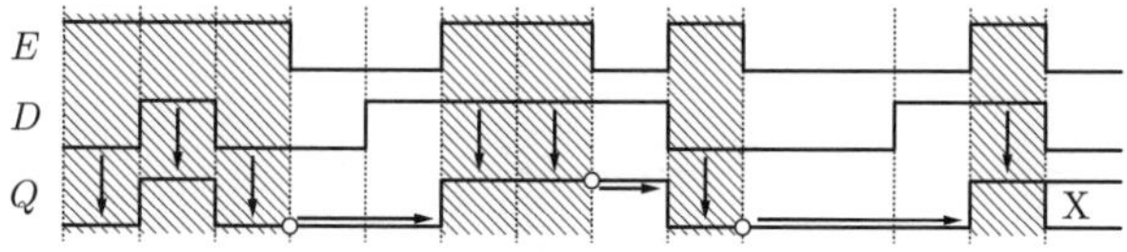

図 4.7　D 型ラッチのタイミングチャート

4.1.3　D 型フリップフロップ

2 個の D 型ラッチを用いて D 型フリップフロップを設計する。D 型フリップフロップは，D と CLK（クロック）の二つの入力と，出力 Q と $\overline{Q}$ を持つ。CLK が 0 から 1 に変化するとき，つまり，**クロックの立ち上がり**の瞬間に D の値が Q に書き込まれる。CLK の立ち上がり以外の場合は，Q の値は変わらない。$\overline{Q}$ には Q の反転した値がつねに出力される。**表 4.3** はこの動作を表している。「↑」は立ち上がりを意味する。CLK の立ち上がりに同期して値の書き込みが行われるので，**同期書き込み**と呼ばれる。一方，保持している値は CLK に関係なく Q からフリップフロップの保持している値が出力され続けるので，**非同期読み出し**と呼ばれる。

表 4.3　D 型フリップフロップの動作

CLK	Q	動　作
↑	D	値の書き込み
↑ 以外	Q	値の保持

このような動作を実現する D 型フリップフロップは，2 個の D 型ラッチを用いてつくることができる。**図 4.8** (a) は，その回路図である。入力に近い左側を**マスター D 型ラッチ**（master），出力に近い右側を**スレーブ D 型ラッチ**（slave）と呼ぶ。入力クロック CLK は，そのままスレーブの E に接続しており，NOT ゲートを通して反転したものがマスターの E に接続している。D 型フリップフロップの入力 D はそのままマスターの入力 D に接続しており，スレーブの出力 Q が D 型フリップフロップの出力 Q になっている。マスターの出力 Q がそのままスレーブの入力 D に接続している。このマスターの出力 Q を中間出力 Q' と書くことにする。このような D 型フリップフロップを図 (b) の回路記号で表す。

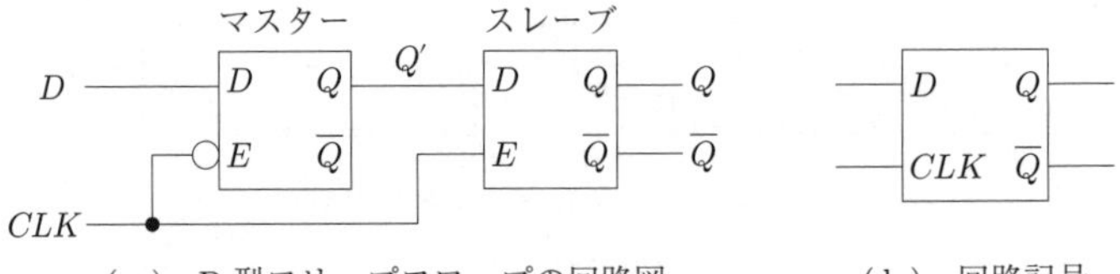

(a)　D 型フリップフロップの回路図　　(b)　回路記号

図 4.8　D 型フリップフロップの回路図と回路記号

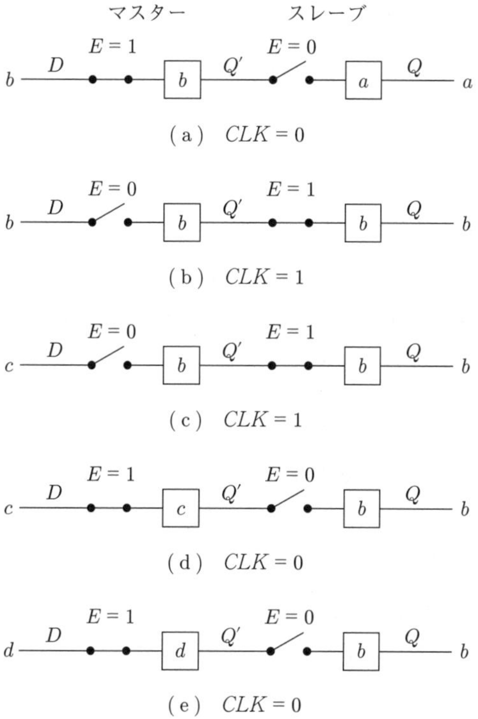

図 4.9 D 型フリップフロップの動作

CLK の値の変化に注目して，図 4.8(a) の D 型フリップフロップの動作を**図 4.9** を用いて説明する。

(a) $CLK = 0$ で，マスター D 型ラッチでは $E = 1$（クローズ）であり，スレーブは $E = 0$（オープン）である。スレーブが保持する値を a，D 型フリップフロップの入力を b とすると，$Q' = D = b$ と $Q = a$ が成り立ち，D 型フリップフロップの出力は a である。

(b) $CLK = 1$ に変化すると，マスターは $E = 0$（オープン）になり，スレーブは $E = 1$（クローズ）となる。よって，マスターが保持する値は b のままで，$Q = Q' = b$ が成り立ち，D 型フリップフロップの出力は b に変わる。したがって，CLK が 0 から 1 に変化したとき（立ち上がり）に

D型フリップフロップに入力されている値 b が出力されるようになる。

(c) D型フリップフロップに入力される値が c に変わったとする。マスターは $E=0$（オープン）なので，マスターとスレーブが保持する値は変わらず，D型フリップフロップの出力は b のままである。

(d) $CLK=0$ になると，マスターが $E=1$（クローズ）になるので，マスターが保持する値は c となる。スレーブは $E=0$（オープン）になるので，スレーブが保持する値は b のままである。よって，$Q'=D=c$ と $Q=b$ が成り立ち，D型フリップフロップの出力は b のままである。

(e) D型フリップフロップの入力が変化し，d となっても，$Q'=D=d$ と $Q=b$ が成り立ち，D型フリップフロップの出力は b のままである。

以上より，D型フリップフロップの出力が変化するのは，CLK の立ち上がりのときのみである。これ以外のときは，D型フリップフロップの出力は変化しない。以上より，表4.3の動作が実現できていることが確認できる。

図 4.10 はD型フリップフロップのタイミングチャートである。$CLK=0$ のときは，入力 D の値がそのままマスターの出力 Q' となる。よって，最初はスレーブの出力 Q の値はタイミングチャート上では確定できないので，不定値Xとなっている。また，$CLK=1$ のときは，Q' の値がそのまま出力 Q となる。もし，CLK が立ち上がりの瞬間に D の値が変わると，直後の Q' の値は確定できず，この場合も不定値Xとなる。よって，その後の $CLK=1$ の間，出力 Q の値も不定値Xとなる。このタイミングチャートから，CLK の立ち上がりの瞬間に D の値がそのまま Q の値となり，つぎの立ち上がりまで保持されることがわかる。

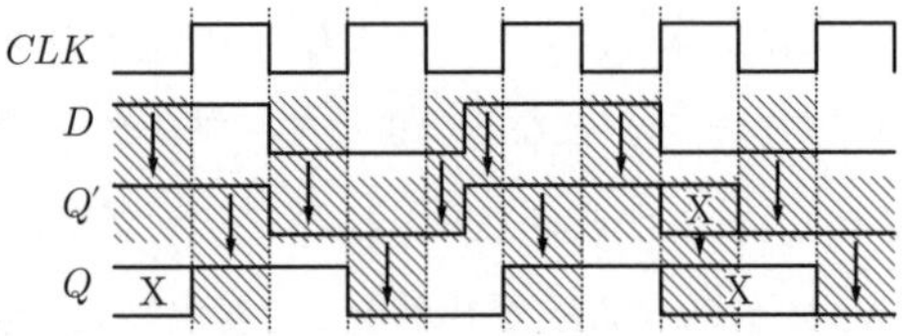

図 4.10　D型フリップフロップのタイミングチャート

4.1.4　非同期セット・非同期リセット付き D 型フリップフロップ

D 型フリップフロップに，**非同期セット**$\overline{SET}$ と**非同期リセット**$\overline{RST}$ の入力を加える。これらは負論理であり，0 のときにセットとリセットの動作がそれぞれ行われる。非同期なので，クロック CLK や D の値に関係なく，$\overline{SET}=0$ のときに，出力 Q の値がただちに 1 となる。また，$\overline{RST}=0$ のときに，出力 Q の値が 0 となる。これら二つが同時に 0 になることはないものとする。このような**非同期セット・非同期リセット付き D 型フリップフロップ**をつくるために，まず，**非同期セット・非同期リセット付き D 型ラッチ**を設計する。

図 4.11(a) は，非同期セット・非同期リセット付き D 型ラッチであり，図 (b) の回路記号で表される。D 型ラッチに非同期セット $\overline{SET}$ と非同期リセット $\overline{RST}$ の入力が追加されている。これらは NAND ゲートの入力に接続されているので，$\overline{SET}=\overline{RST}=1$ のときは，これらの入力は存在しないのと同じである。したがって，このときは D 型ラッチと同じ動作をする。$\overline{SET}\,\overline{RST}=01$ のときは，つぎのように非同期セットが行われる。入力 $\overline{SET}$ は，Q と $\overline{R}$ を出力とする NAND ゲートに接続している。よって，$Q=\overline{R}=1$ となる。$\overline{Q}$ を出力する NAND ゲートには，Q，$\overline{R}$，$\overline{RST}$ が接続しているが，これらはすべて 1 なので，$\overline{Q}=0$ となる。以上より，$Q\overline{Q}=10$ となる。回路の対称性より，$\overline{SET}\,\overline{RST}=10$ の場合は逆になり，$Q\overline{Q}=01$ となる。

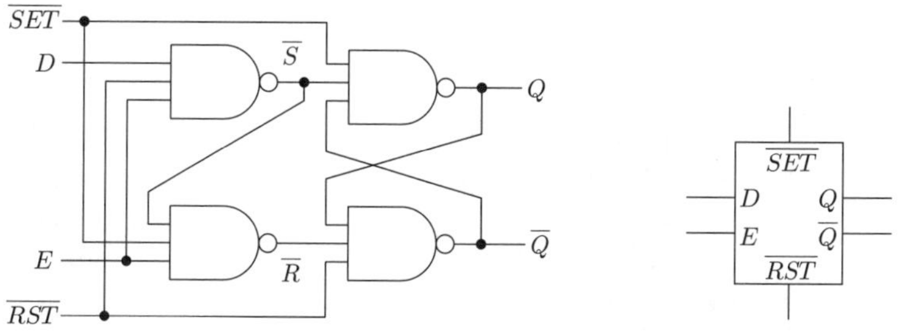

(a)　非同期セット・非同期リセット付き D 型ラッチの回路図　　(b)　回路記号

図 **4.11**　非同期セット・非同期リセット付き D 型ラッチと回路記号

以上より，非同期セット・非同期リセット付きD型ラッチの動作は**表 4.4** のようになる。$\overline{SET}\,\overline{RST} = 11$ のときは，図 4.9 の D 型ラッチの動作と同じである。$\overline{SET}\,\overline{RST} = 01$ のときは，E に関係なく $Q = 1$ となり，$\overline{SET}\,\overline{RST} = 10$ の場合も，E に関係なく $Q = 0$ となる。

表 4.4 非同期セット・非同期リセット付き D 型ラッチの動作

$\overline{SET}$	$\overline{RST}$	E	Q	動 作
0	1	—	1	非同期セット
1	0	—	0	非同期リセット
1	1	0	Q	値の保持
1	1	1	D	値の書き込み

D 型フリップフロップは D 型ラッチを 2 個用いてつくることができるが，同様に，この非同期セット・非同期リセット付き D 型ラッチを 2 個用いて非同期セット・非同期リセット付き D 型フリップフロップをつくることができる。**図 4.12** (a) は非同期セット・非同期リセット付き D 型フリップフロップであり，図 (b) の回路記号で表される。明らかに，$\overline{SET}\,\overline{RST} = 11$ のときは，図 4.8 の D 型フリップフロップと同じ動作をする。$\overline{SET}\,\overline{RST} = 01$ のときは，D や CLK の値に関係なく，$Q = Q' = 1$ となる。この後，$\overline{SET}\,\overline{RST} = 11$ となっても，CLK の立ち上がりがあるまでは，$Q = 1$ のままである。同様に，$\overline{SET}\,\overline{RST} = 10$ のときは，D や CLK の値に関係なく，$Q = Q' = 0$ となる。

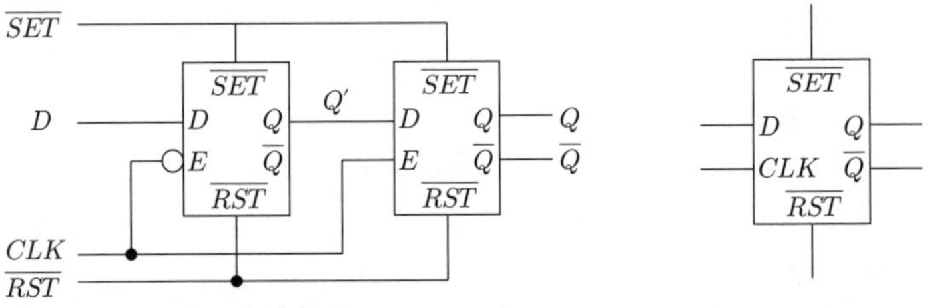

(a) 非同期セット・非同期リセット付き D 型フリップフロップの回路図　(b) 回路記号

図 4.12 非同期セット・非同期リセット付き D 型フリップフロップとその回路記号

$\overline{SET}\,\overline{RST} = 11$ となっても，CLK の立ち上がりがあるまでは，$Q = 0$ のままである。

図 4.13 は非同期セット・非同期リセット付き D 型フリップフロップのタイミングチャートである。$\overline{SET}\,\overline{RST} = 01$ になると，ただちに $Q = Q' = 1$ となり，$\overline{SET}\,\overline{RST} = 10$ になると，$Q = Q' = 0$ となる。

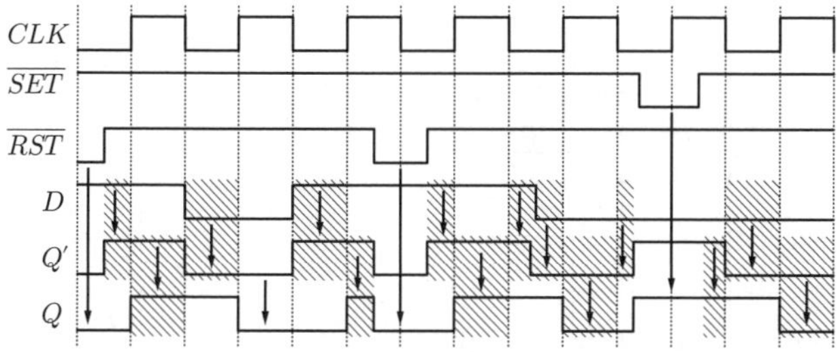

図 4.13　非同期セット・非同期リセット付き D 型フリップフロップのタイミングチャート

本書では，非同期セット・非同期リセット付き D 型フリップフロップを単に**フリップフロップ**と呼ぶことにする。四つの入力 $\overline{SET}$，$\overline{RST}$，CLK，D と二つの出力 Q，$\overline{Q}$ を持つが，使用するにあたって，必要のない入出力を省略することができる。例えば，$\overline{SET}$，$\overline{RST}$，$\overline{Q}$ を省略すると，二つの入力 CLK，D と出力 Q だけを持つ。非同期セットや非同期リセットのできない，CLK の立ち上がりで，入力 D の値が書き込まれ，出力 Q に保持する値が出力されるものとなる。

4.1.5　n ビットフリップフロップ（レジスタ）

フリップフロップは，1 ビットの情報を記憶することができるが，これを複数並べて，複数ビットの情報を記憶させることができる。n 個並べたものを n ビットフリップフロップ，もしくは n ビット**レジスタ**と呼ぶ。**図 4.14**(a) は 3 ビットフリップフロップの回路図であり，図 (b) はその回路記号である。一般には，n 個のフリップフロップを用いて n ビットの情報を記憶する。全フリップフロップのクロック CLK，非同期セット $\overline{SET}$，非同期リセット $\overline{RST}$ は，

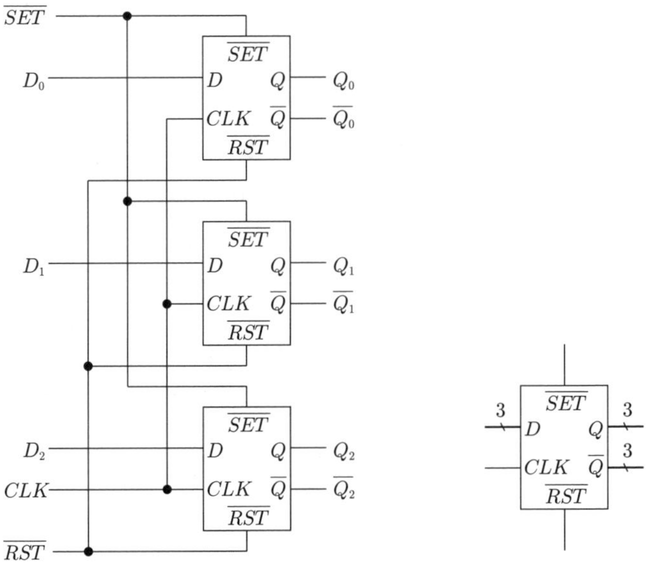

（a） 3 ビットフリップフロップの回路図　　（b） 回路記号

図 4.14　3 ビットフリップフロップの回路図とその回路記号

それぞれまとめて一つの入力としている。n 個のフリップフロップの入力 D を $D_0, D_1, \cdots, D_{n-1}$ と表し，まとめて n ビットの D と書くことにする。同様に，出力 $Q_0, Q_1, \cdots, Q_{n-1}$ を n ビットの Q とし，$\overline{Q_0}, \overline{Q_1}, \cdots, \overline{Q_{n-1}}$ を n ビットの $\overline{Q}$ と書く。よって，n ビットレジスタは，1 ビットの入力 CLK，$\overline{SET}$，$\overline{RST}$ と，n ビットの入力 D を持ち，n ビットの出力 Q と $\overline{Q}$ を持つ。動作は，記憶可能なビット数が n ビットに増えた点が異なるだけで，フリップフロップと同じである。また，フリップフロップと同様に，使用しない入出力は適宜省略する。

4.1.6　イネーブル付きフリップフロップ

フリップフロップの使い勝手をよくするために，フリップフロップに（書き込み）イネーブル（enable）入力 E を追加した**イネーブル付きフリップフロップ**を導入する。クロック CLK の立ち上がりで，$E = 1$ のときは，入力 D の値がフリップフロップに書き込まれ，出力 Q の値が D になる。$E = 0$ のとき

表 4.5　イネーブル付きフリップフロップの動作

$\overline{SET}$	$\overline{RST}$	CLK	E	Q	動　作
0	1	—	—	1	非同期セット
1	0	—	—	0	非同期リセット
1	1	↑	1	D	値の書き込み
1	1	↑ 以外	—	Q	値の保持
1	1	—	0	Q	値の保持

は，書き込まれず，Q の値は変わらない。この点以外は，フリップフロップと同じである。**表 4.5** は，その動作を示している。

図 4.15(a) はイネーブル付きフリップフロップの回路図であり，図 (b) の回路記号で表される。フリップフロップにセレクタ回路が追加されており，このセレクタ回路を用いて，フリップフロップの D に入力される値を変更している。$E=0$ のときは，出力 Q が選択されるので，CLK の立ち上がりで Q の値が書き込まれ，出力 Q の値は変わらない。一方，$E=1$ のときは，外部からの入力 D が選ばれ，フリップフロップの D に入力されるので，CLK の立ち上がりでこの D の値が書き込まれる。

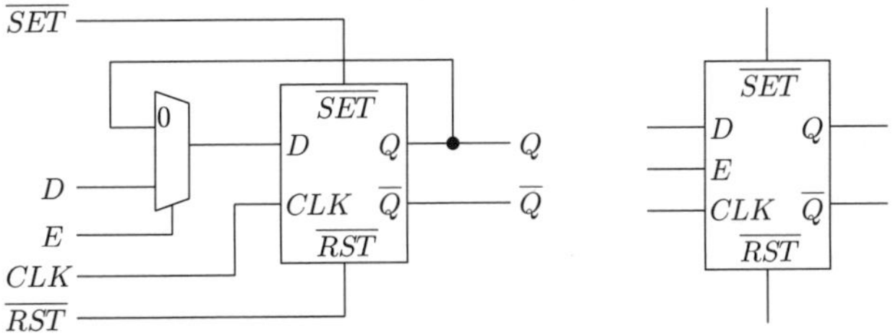

(a)　イネーブル付きフリップフロップの回路図　　(b)　回路記号

図 4.15　イネーブル付きフリップフロップの回路図とその回路記号

n ビットフリップフロップ（レジスタ）と同様に，このイネーブル付きフリップフロップを n 個並べて，n ビットイネーブル付きフリップフロップ（レジスタ）をつくることができる。n 個のフリップフロップのイネーブル入力 E はまとめられ，一つのイネーブル入力 E として動作する。よって，$E=1$ のときに，CLK の立ち上がりで n 個すべてのフリップフロップの値が更新される。$E=0$ のときは値は変わらない。

4.2 フリップフロップの時間定数

フリップフロップを用いた回路を設計する場合，さまざまな時間に関する制約を考慮する必要がある。ここでは，四つの時間定数を説明する。

4.2.1 セットアップタイム・ホールドタイムとメタステーブル状態

フリップフロップの基本動作はクロック CLK の立ち上がりの瞬間の入力 D の値が書き込まれ，その値が Q から出力される。もし，CLK の立ち上がりと入力 D の値の変化が同時に起こると，Q と $\overline{Q}$ の値が 0 と 1 のどちらになるかわからない。さらに悪いことに，Q の値が振動したり，0 や 1 でない中途半端な値になるという状態が続くことがある。このような状態を**メタステーブル状態**と呼ぶ。**図 4.16** は，メタステーブル状態を表している。CLK の立ち上がりの瞬間に D の値が変化しているので，メタステーブル状態となり，出力 Q と $\overline{Q}$ がある時間不安定となり，最終的に 0 か 1 の値で安定する。どちらの値で安定するかは不定である。

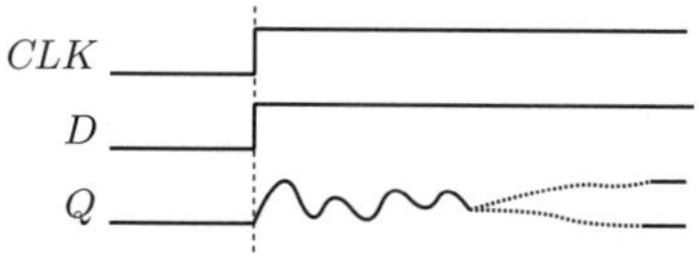

図 4.16　メタステーブル状態

CLK の立ち上がりと入力 D の値の変化は実際の電子回路では物理現象なので，厳密には同時に起こることはなく，ごくわずかな時間差がある。どこまでの時間差を同時とみなすかを，二つの時間定数**セットアップタイム**T_{setup} と**ホールドタイム**T_{hold} で定める。CLK の立ち上がりの T_{setup} 時間前を過ぎた場合や，T_{hold} 時間後より早い場合を同時であるとみなし，この時間に入力 D の値を変更してはいけないということを意味する。もし，この時間に入力 D の値を変更すると，フリップフロップがメタステーブル状態になる恐れがある。一方，この時間に入力 D の値を変えなければ，メタステーブル状態にならないことが保証される。CLK の立ち上がり前の T_{setup} 時間に入力 D の値が変わることを**セットアップタイム違反**と呼ぶ。また，CLK の立ち上がり後の T_{hold} 時間に入力 D の値が変わることを**ホールドタイム違反**と呼ぶ。**図 4.17** はこれらの違反を示している。D_2 はセットアップタイム違反であり，D_3 はホールドタイム違反である。よって，D_2 と D_3 の場合はメタステーブル状態になる恐れがある。D_1 と D_4 は違反にならない。フリップフロップやレジスタを用いて回路を設計するときには，これらの違反を起こさないようにする必要がある。

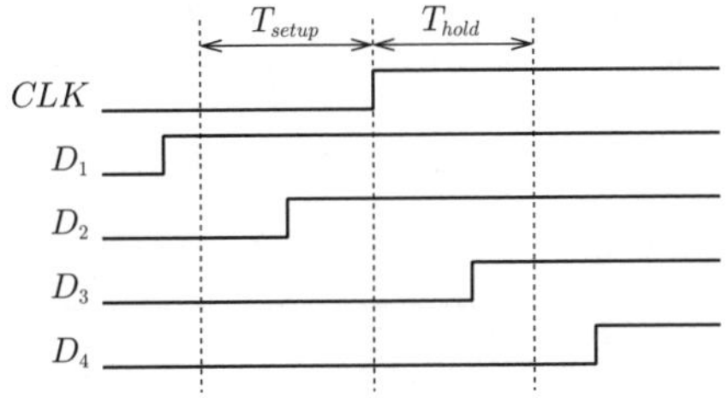

図 4.17　セットアップタイム違反とホールドタイム違反

4.2.2　最小アクセスタイム・最大アクセスタイム

フリップフロップでは，クロック CLK の立ち上がりの瞬間に入力 D の値が書き込まれ，出力 Q と $\overline{Q}$ の値が変化する。実際にはフリップフロップ内部に電気信号の遅延があるため，クロック CLK の立ち上がりの瞬間からある時間経過してから，出力 Q の値が変化する。製造時のばらつきや環境の変化によりこの時間はいつも同一であるとは限らない。そこで，この変化に要する時間に幅を持たせて，最小値を**最小アクセスタイム** T^-_{acc}，最大値を**最大アクセスタイム** T^+_{acc} と呼ぶ。**図 4.18** に示したように，CLK の立ち上がりによって，出力

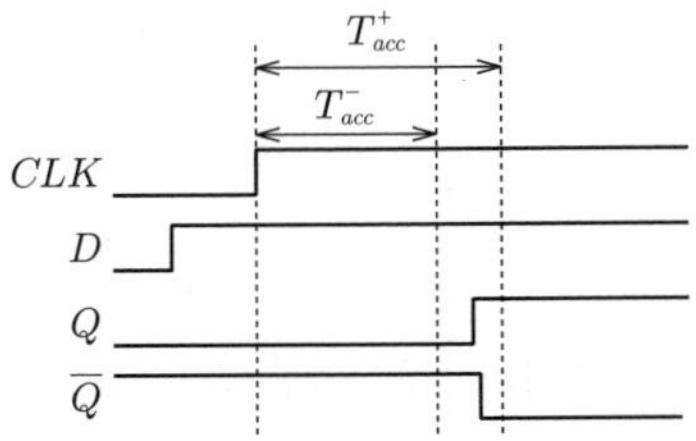

図 4.18　最小アクセスタイムと最大アクセスタイム

Q の値が変化するのは，立ち上がりより少なくとも T_{acc}^{-} 時間後から T_{acc}^{+} 時間後までの間であることが保証される。

4.3 フリップフロップを用いた回路

4.3.1 T 型フリップフロップ

T 型フリップフロップは，1 ビットを保持する記憶回路であり，入力 T と $\overline{RST}$，および出力 Q と $\overline{Q}$ を持つ。入力 T の立ち上がりごとに保持する値が反転する。$\overline{RST}$ は非同期リセットに用いられる。保持する値とその反転が Q と $\overline{Q}$ から出力される。この動作をまとめたものが**表 4.6** である。

表 4.6　T 型フリップフロップの動作

$\overline{RST}$	CLK	Q	動　作
0	—	0	非同期リセット
1	↑	$\overline{Q}$	値の反転
1	↑ 以外	Q	値の保持

T 型フリップフロップは，フリップフロップを用いてつくることができる。**図 4.19**(a) はその回路図であり，図 (b) は回路記号である。フリップフロップの出力 $\overline{Q}$ がそのまま入力 D に接続している。よって，つねに $D = \overline{Q}$ である。したがって，$T = CLK$ の値が 0 から 1 に変わるたびに，$\overline{Q}$ の値が書き込まれるので，保持する値 Q が反転する。

図 4.20 は T 型フリップフロップのタイミングチャートである。フリップフロップのアクセスタイムも考慮したものになっている。よって，T の立ち上が

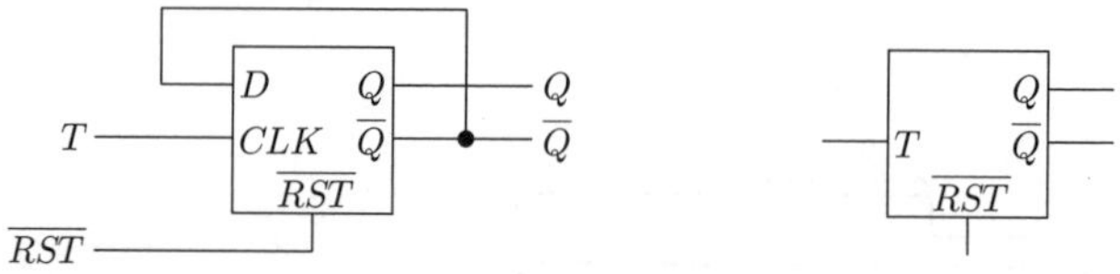

(a)　T 型フリップフロップの回路図　　(b)　回路記号

図 4.19　T 型フリップフロップの回路図とその回路記号

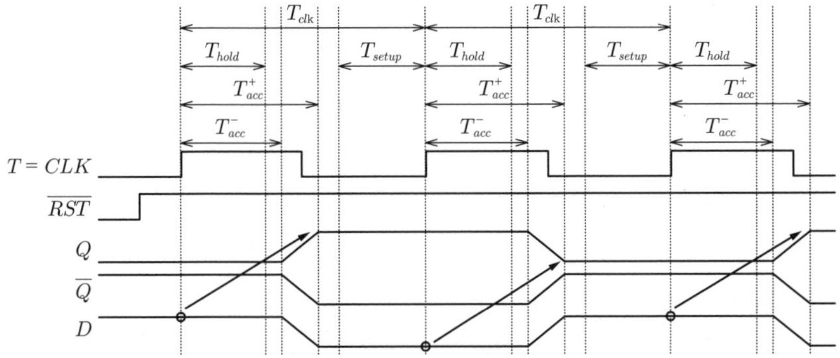

図 4.20　T 型フリップフロップのタイミングチャート

り後，入力 D の値が書き込まれ，Q と $\overline{Q}$ が変化するのに要する時間は，T_{acc}^{-} 時間後から T_{acc}^{+} 時間後の間である。また，簡単のため，フリップフロップの出力 $\overline{Q}$ から入力 D への配線での遅延は 0 と仮定している。よって，つねに $D = \overline{Q}$ である。T_{clk} を入力 T が立ち上がってからつぎの立ち上がりまでの時間とする。T の立ち上がり後，D の値は最短で T_{acc}^{-} 時間後に変化するので，ホールドタイム違反が起きないためには，つぎの条件式を満たす必要がある。

$$T_{hold} \leqq T_{acc}^{-} \tag{4.3}$$

同様に，D の値は最長で T_{acc}^{+} 時間後に変化するので，セットアップタイム違反にならないためには，つぎの条件式を満たす必要がある。

$$T_{setup} + T_{acc}^{+} \leqq T_{clk} \tag{4.4}$$

これら二つの条件を満たせば，メタステーブル状態になることはなく，T 型フリップフロップは正しく動作する。

4.3.2　非同期カウンタ回路

T 型フリップフロップの入力 T の立ち上がりで保持する値が反転する機能を用いると，直列に n 個並べるだけで n ビット非同期カウンタ回路をつくることができる。例えば，4 ビットの場合，四つの T 型フリップフロップの出力を並べた $Q_3Q_2Q_1Q_0$ を符号なし 2 進数とみなし，T の立ち上がりで 1 増える。つまり，0000→0001→0010→0011→ $\cdots$ →1111 となり，0000 に戻る。Q_0 は CLK の立ち上がりごとに反転する。そして，Q_0 が 1 から 0 に立ち下がったとき，Q_1 が反転する。同様に，Q_1 が立ち下がったとき，Q_2 が反転し，Q_2 が立ち下がったときに Q_3 が反転する。例えば，$Q_3Q_2Q_1Q_0 = 1011$ のとき，CLK の立ち上がりで，Q_0 が反転し立ち下がり，Q_1 が反転し立ち下がる。さらに Q_2 が反転するが，これは立ち上がりなので，Q_3 は変わらない。よって，$Q_3Q_2Q_1Q_0 = 1100$ となり，1 増えたつぎの値となる。

以上より，各 Q_i が立ち下がりのときに，つぎの Q_{i+1} が反転するようにすればよい。**図 4.21** は 4 個の T 型フリップフロップを用いた 4 ビット非同期カウンタである。CLK が T_0 に接続しているので，CLK の立ち上がりごとに Q_0 は反転する。そして，各 $\overline{Q_i}$ が T_{i+1} に接続しているので，T_{i+1} の立ち上がり，つまり Q_i の立ち下がりで Q_{i+1} が反転する。よって，CLK の立ち上がりごとに $Q_3Q_2Q_1Q_0$ が 1 増加する。

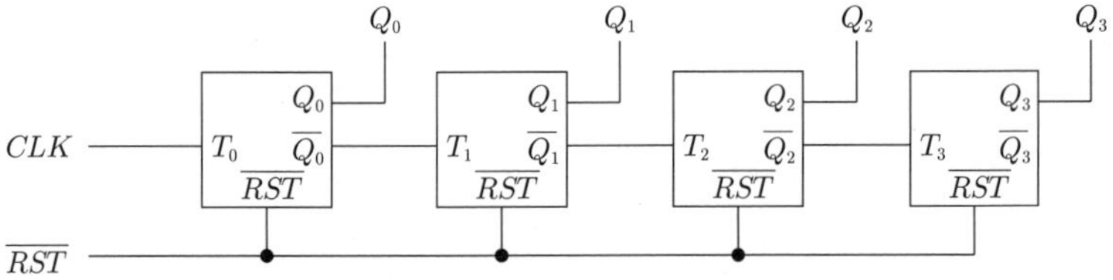

図 4.21　4 ビット非同期カウンタ

図 4.22 は，4 ビット非同期カウンタのタイミングチャートである。時刻 t（$t = 0, 1, \cdots$）に出力 $Q_0Q_1Q_2Q_3$ の値は，$[Q_3Q_2Q_1Q_0] = t \bmod 16$ を満たすことがわかる。このタイミングチャートでは，フリップフロップのアクセスタイムを考慮している。簡単のためアクセスタイムは一定とする。例えば，CLK の立ち上がりの後，アクセスタイムだけ経過した後，Q_0 が反転している。また，Q_1 の立ち下がり後，アクセスタイムだけ経過した後，Q_2 が反転している。この

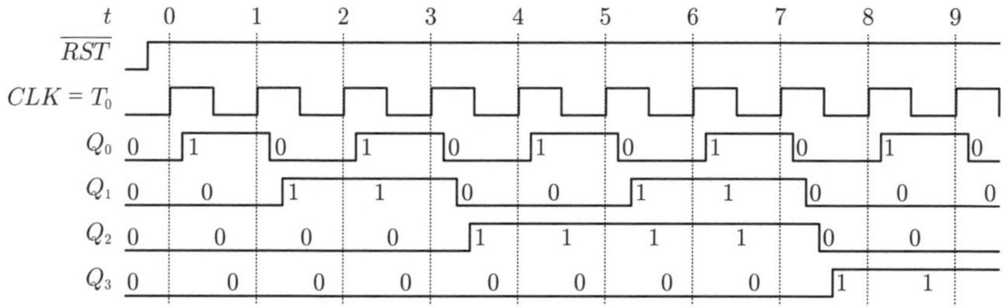

図 4.22　4 ビット非同期カウンタのタイミングチャート

回路の問題点は，このアクセスタイムが累積する点にある。例えば，$Q_3Q_2Q_1Q_0$ が時刻 7 において 0111 から 1000 に変化するとき，Q_3 が 0 から 1 に変化するのはアクセスタイムの 4 倍の時間が経過した後である。よって，n が大きくなると，Q_{n-1} が変化するのが遅くなり，CLK のつぎの立ち上がりの時間を超えてしまうと，時刻 t に $[Q_{n-1}Q_{n-2}\cdots Q_0] = t \bmod 2^n$ を満たさなくなる。したがって，n が大きいときにカウンタの用途に n ビット非同期カウンタを用いるのは注意が必要である。

一方，n ビット非同期カウンタは，クロックの周期をある倍率で大きくする**分周回路**として使うことはできる。n ビットカウンタの出力 Q_{n-1} は入力 T の 2^{n-1} 回の立ち上がりごとに反転する。よって，出力 Q_{n-1} が立ち上がるのは，T の 2^n 回の立ち上がりに 1 回である。したがって，2^n 倍分周回路として用いることができる。例えば，図 4.22 の 4 ビット非同期カウンタでは，Q_3 の立ち上がりの周期は $2^4 = 16$ である。

演習問題

【4.1】　非同期セット・非同期リセット付き D 型フリップフロップにおいて，$\overline{SET} = \overline{RST} = 0$ とすると，どのように動作するか説明せよ。

【4.2】　NOR ゲートを 2 個用いて，RS 型フリップフロップがつくれることを示せ。

【4.3】　フリップフロップを用いてイネーブル付きフリップフロップをつくるのに，**図 4.23** のように，外部からの CLK とイネーブル E の論理和を AND ゲー

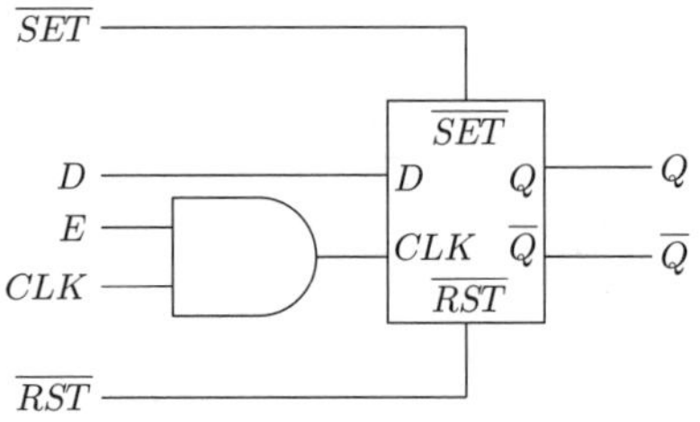

図 **4.23**　間違ったイネーブル付きフリップフロップ

トで接続して，フリップフロップの CLK に接続することが考えられる。$E=0$ のときは，フリップフロップの CLK に 0 が入力され，立ち上がりが起こらないので，フリップフロップの値は変更されない。このイネーブル付きフリップフロップは一見正しく動作するように思えるが，正しく動作しないことを説明せよ。

【4.4】 図 4.10 と同様に，図 **4.24** のイネーブル付きフリップフロップのタイミングチャートの出力 Q を求めよ。不定値のところは X と書くこと。

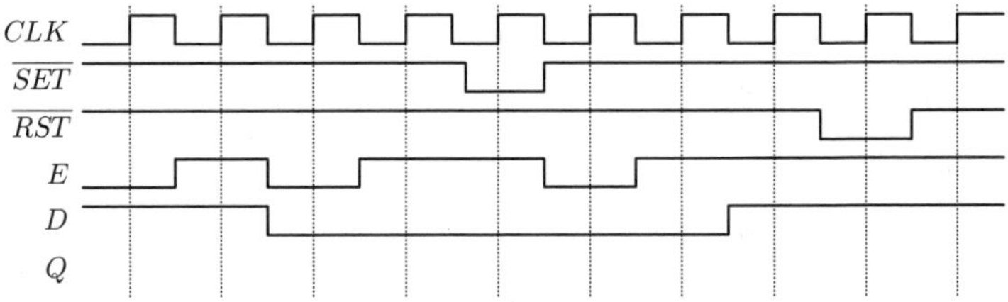

図 **4.24**　イネーブル付きフリップフロップのタイミングチャート

【4.5】 図 **4.25** は，**JK** 型フリップフロップの回路図である。

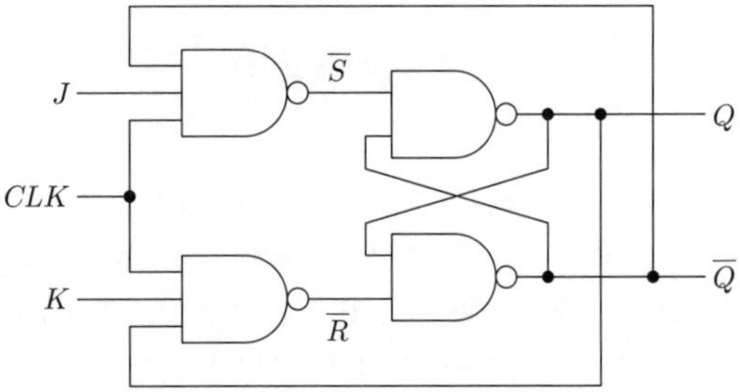

図 **4.25**　JK 型フリップフロップ

(1) $JK = 00, 01, 10, 11$ のそれぞれの場合に，出力の真理値がどのようになるか示せ。

(2) JK 型フリップフロップを用いて T 型フリップフロップを設計せよ。

【4.6】 非同期カウンタ回路の出力が，各時刻 t において $[Q_{n-1}Q_{n-2}\cdots Q_0] = t \bmod 2^n$ をつねに満たすための条件をフリップフロップの時間定数とクロックの周期 T_{clk} を用いて示せ。

【4.7】 4 ビット非同期カウンタは，時刻 t に $[Q_3Q_2Q_1Q_0] = t \bmod 16$ を満たすので，16 進非同期カウンタとも呼ばれる。時刻 t に $[Q_3Q_2Q_1Q_0] = t \bmod 12$ を出力する 12 進非同期カウンタを設計せよ。

5章 順　序　回　路

◆本章のテーマ

順序回路とは，記憶回路のフリップフロップ（レジスタ）と組み合わせ回路を用いた論理回路である。カウンタ回路を題材に，設計した順序回路が正しく動作することを確認するためのシミュレーション法やサイクルタイムの設定法を理解する。完全同期式順序回路の設計法と具体例として，ステートマシンとメモリ回路の設計を学ぶ。

◆本章の構成（キーワード）

5.1　カウンタ回路

　　レジスタトランスファレベルシミュレーション，ゲートレベルシミュレーション，クロックスキュー，最大動作周波数

5.2　2のべきでないカウンタ回路

　　5進加算回路，5進カウンタ回路

5.3　完全同期式順序回路

　　状態計算回路，出力計算回路，ムーア型，ミーリー型，単純型

5.4　ステートマシンとワンホットステートマシン

　　有限オートマトン，状態遷移関数，ハザード

5.5　メモリ回路

　　アドレス入力，データ入力，データ出力，アドレスデコーダ

◆本章を学ぶと以下の内容をマスターできます

☞　完全同期式順序回路の設計方法とレジスタトランスファレベルシミュレーションとゲートレベルシミュレーションによる動作の確認

☞　完全同期式順序回路が正しく動作するための条件

☞　カウンタ回路，ステートマシン，ワンホットステートマシン，メモリ回路の設計

5.1 カウンタ回路

4.3.2 項で紹介した n ビット非同期カウンタは，n が大きくなると，上位桁の値の更新が大幅に遅れるので，カウンタとして使うのには適していない。本節では，順序回路の簡単な例として **n ビットカウンタ回路**を設計する。このカウンタ回路は，n が大きい場合もカウンタとして用いることができる。一つのクロックに同期してすべてのフリップフロップの値が更新されるので，同期カウンタ回路とも呼ばれる。

5.1.1 カウンタ回路の設計

カウンタ回路はクロック CLK と非同期リセット $\overline{RST}$ の二つの入力を持つ。出力は，n ビットの Q で，各ビットを $Q_0, Q_1, \cdots, Q_{n-1}$ と表す。そして，$Q_{n-1}Q_{n-2}\cdots Q_0$ を n ビットの符号なし 2 進数とみなし，その値を $Q = [Q_{n-1}Q_{n-2}\cdots Q_0]$ と表す。つまり，n ビットレジスタの出力とその値の両方を表すのに同じ記号 Q を用いる。$\overline{RST}$ は非同期リセットに用い，$\overline{RST} = 0$ になると，ただちに $Q = 0$ となる。$\overline{RST} = 1$ のとき，クロック CLK の立ち上がりごとに，Q の値が 1 増える。ただし，Q の値が最大値 $2^n - 1$ のときは，つぎの Q の値は 0 になる。つまり，CLK の立ち上がりごとに，Q の値は $(Q+1) \bmod 2^n$ で更新される。例えば，$n = 3$ のとき，Q は，$0 \rightarrow 1 \rightarrow 2 \rightarrow 3 \rightarrow 4 \rightarrow 5 \rightarrow 6 \rightarrow 7 \rightarrow 0$ と変化する。以上の動作をまとめたのが，**表 5.1** である。n ビットカウンタ回路では，出力 Q の値が，$0 \rightarrow 1 \rightarrow \cdots \rightarrow 2^n - 1 \rightarrow 0$ と変化するので，**2^n 進カウンタ回路**とも呼ばれる。

表 5.1 カウンタ回路の動作

$\overline{RST}$	CLK	Q	動　作
0	—	0	非同期リセット
1	↑	$(Q+1) \bmod 2^n$	値が 1 増える
1	↑ 以外	Q	値の保持

n ビットカウンタは，n ビットのインクリメント回路と n ビットフリップフロップを用いて設計することができる。**図 5.1** は n ビットカウンタ回路の回路図を示している。n ビットレジスタの出力 Q を n ビットインクリメント回路の入力 X に接続する。そして，インクリメント回路の出力 S を n ビットレジスタの入力 D に接続する。つぎに，このインクリメント回路が正しく動作することを，以降で説明するレジスタトランスファレベルシミュレーションとゲートレベルシミュレーションで確認する。

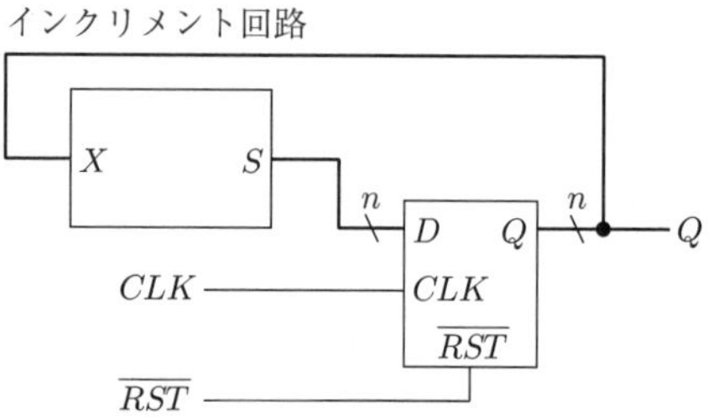

図 5.1　n ビットカウンタ回路（2^n 進カウンタ回路）の回路図

5.1.2　レジスタトランスファレベルシミュレーション

設計した順序回路が論理的に正しいかどうかを確認するために，レジスタトランスファレベルシミュレーション（RTL シミュレーション）が行われる。レジスタトランスファレベルシミュレーションでは，つぎを仮定する。

- フリップフロップのセットアップタイム T_{setup} とホールドタイム T_{hold} はいずれも 0 である。したがって，セットアップタイム違反やホールドタイム違反は決して起きない。
- フリップフロップの最小アクセスタイムと最大アクセスタイムは等しく，微少時間（ϵ 時間）とする。したがって，クロックの立ち上がりのときの入力 D の値が，正確に ϵ 時間経過後に出力 Q の値となる。
- 組み合わせ回路と配線での遅延時間は 0 と仮定する。したがって，フリップフロップの出力が変化したときに，その変化が組み合わせ回路を通って，フリップフロップの入力に伝搬するのに要する時間は 0 である。

つまり，フリップフロップのアクセスタイムが ϵ 時間で，ほかの時間定数，組み合わせ回路・配線での遅延は0と仮定する。これらの仮定によるシミュレーションのモデルを **ϵ 時間遅延モデル**と呼ぶ。

ϵ 時間遅延モデルで，n ビットカウンタ回路が論理的に正しく動作することを確認する。配線とインクリメント回路での遅延は0なので，$Q = X$，$S = (X + 1) \bmod 2^n$，$S = D$ が成り立ち，よって，$D = (Q + 1) \bmod 2^n$ がつねに成り立っている。したがって，CLK 立ち上がりの瞬間の Q の値を Q' とすると，立ち上がりから ϵ 時間経過後に Q の値は，$(Q' + 1) \bmod 2^n$ となる。そして，ただちに X，S，D の値も $(Q' + 1) \bmod 2^n$ となる。**図 5.2** は3ビットカウンタ回路のレジスタトランスファレベルシミュレーションのタイミングチャートである。最初は $\overline{RST} = 0$ なので，$Q = 0$ である。$\overline{RST} = 1$ となって，非同期リセットが解除され，最初のクロック CLK の立ち上がりの瞬間を時刻0とする。そして，続く CLK の立ち上がりを順に時刻1，2，$\cdots$ とする。図では，時刻0の Q の値は0である。このとき，D の値は $(0 + 1) \bmod 8 = 1$ である。よって，時刻1のクロックの立ち上がりから ϵ 時間経過後に，Q の値は1となる。一般に n ビットカウンタの場合，時刻 t の Q の値は $t \bmod 2^n$ で

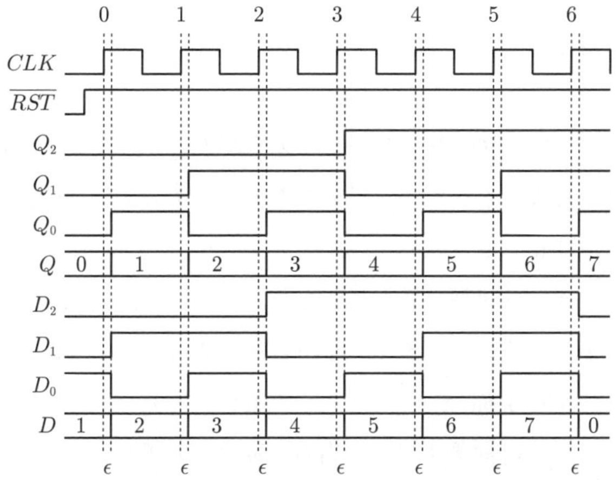

図 5.2 3ビットカウンタ回路のレジスタトランスファレベルシミュレーションによるタイミングチャート

あり，よって，D の値は $(t+1) \bmod 2^n$ である。時刻 t のクロック CLK の立ち上がりから ϵ 時間経過後に，Q の値は $(t+1) \bmod 2^n$ となる。以上より，n ビットカウンタ回路が正しく動作することが確認できる。

図 5.2 のレジスタトランスファレベルシミュレーションのタイミングチャートでは，クロックの立ち上がりから ϵ 時間経過後にフリップフロップの出力 $Q_2Q_1Q_0$ や入力 $D_2D_1D_0$ の値が変化している。実際のシミュレーションツールが出力するタイミングチャートでは，このように ϵ 時間経過後の変化が示されることはなく，クロックの立ち上がりと同時に変化するように表示される。そのようなタイミングチャートでは，クロック立ち上がり時のこれらの値は立ち上がりの直前の値であるとみなせばよい。よって，タイミングチャート上でクロックの立ち上がりの直前の入力 D の値がクロックの立ち上がりでフリップフロップに書き込まれると考えればよい。

5.1.3 ゲートレベルシミュレーション

実際の回路では，組み合わせ回路での遅延やフリップフロップの時間定数を考慮し，メタステーブル状態にならないようにする必要がある。それらを考慮した**ゲートレベルシミュレーション**により，n ビットカウンタ回路が正しく動作するための条件を求める。n ビットカウンタ回路のゲートレベルシミュレーションでは，つぎを仮定する。

- フリップフロップのセットアップタイム T_{setup}，ホールドタイム T_{hold}，最小アクセスタイム T_{acc}^{-}，最大アクセスタイム T_{acc}^{+} が決められている。
- 配線遅延は 0 である。
- インクリメント回路の最小遅延を T_{inc}^{-} 時間，最大遅延を T_{inc}^{+} 時間とする。つまり，インクリメント回路の入力 $X_0, X_1, \cdots, X_{n-1}$ が変化したときに，各出力 $S_0, S_1, \cdots, S_{n-1}$ の値が変化するのが，T_{inc}^{-} 時間後以降であり，T_{inc}^{+} 時間後までに全出力の変化が完了する。
- CLK の立ち上がりからつぎの立ち上がりまでの時間（**サイクルタイム**）を T_{clk} とする。

図 **5.3** はクロックの立ち上がり 2 回分に注目したゲートレベルシミュレーションのタイミングチャートである。配線遅延は 0 なので，$Q = X$ と $S = D$ がつねに成り立つ。クロック CLK の立ち上がり後，T^-_{acc} 時間後から T^+_{acc} 時間までの間に，Q と X の値が変化する。X の値が変化してから，S と D の値が変化するのは，T^-_{inc} 時間後から T^+_{inc} 時間後までの間である。よって，クロック CLK が立ち上がり後，D の値が変化するのは，$T^-_{acc} + T^-_{inc}$ 時間後から $T^+_{acc} + T^+_{inc}$ 時間後までの間となる。セットアップタイム違反にならないためには，つぎのクロックの立ち上がりの T_{setup} 時間前までに，D の値の変化が完了している必要がある。したがって，つぎの条件式を満たしていれば，つぎのクロックの立ち上がりの T_{setup} 時間より前に D の値の変化が完了し，かつ，セットアップタイム違反にならない。

$$T^+_{acc} + T^+_{inc} + T_{setup} \leqq T_{clk} \tag{5.1}$$

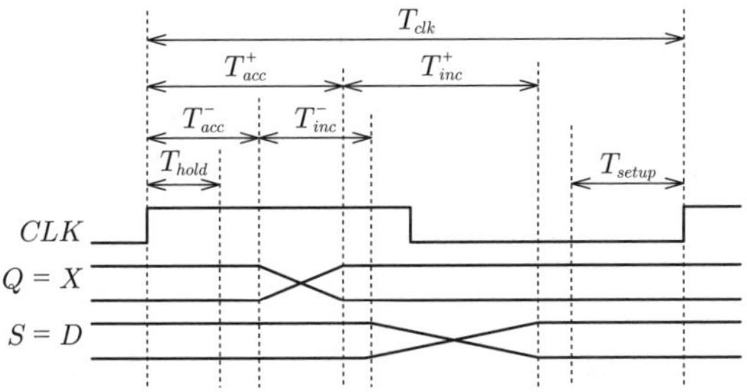

図 5.3　ゲートレベルシミュレーションのタイミングチャート

また，ホールドタイム違反にならないためには，D の値が CLK の立ち上がりから T_{hold} 時間の間に変化しない必要がある。よって，つぎの条件式が成り立てば，ホールドタイム違反にならないことが保証される。

$$T^-_{acc} + T^-_{inc} \geqq T_{hold} \tag{5.2}$$

5.1.4　クロックスキュー

ゲートレベルシミュレーションでは，配線遅延を 0 と仮定した。実際は 0 でなく，配線が長くなると遅延が無視できなくなる。n ビットカウンタの場合，フリップフロップの出力 Q と入力 D の間にはインクリメント回路とそれに付随する配線がある。この配線での遅延が 0 でないと仮定した場合，この配線遅延時間をインクリメント回路の遅延時間の最小値 T^{-}_{inc} と最大値 T^{+}_{inc} に含めてしまえば，ゲートレベルシミュレーションの場合のセットアップタイム違反やホールドタイム違反にならない条件がそのまま適用できる。

問題となるのは，外部のクロック入力から各フリップフロップのクロック CLK への配線遅延である。配線遅延が 0 のときは，各フリップフロップの CLK の立ち上がりが同時であると考えてよい。しかし，配線遅延が 0 でないと，CLK が立ち上がる時間がばらつく。例えば，3 ビットカウンタの場合，3 個のフリップフロップが用いられるが，そのクロック入力を CLK_0，CLK_1，CLK_2 とすると，**図 5.4** のように，クロックの立ち上がりがずれることがある。このずれの最大値をクロックスキュー（T_{skew} と書く）と呼ぶ。つまり，クロック入力のずれが T_{skew} 時間以内であることが保証されている。

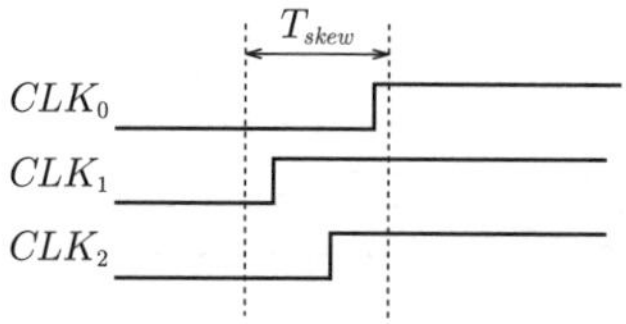

図 5.4　クロックスキュー T_{skew}

あるフリップフロップのクロック入力が立ち上がって，別のフリップフロップのつぎの立ち上がりまでの時間は，$T_{clk} - T_{skew}$ 以上 $T_{clk} + T_{skew}$ 以下である。よって，クロックスキューを考慮すると，n ビットカウンタ回路がセットアップタイム違反にならない条件式は，つぎのようになる。

$$T^{+}_{acc} + T^{+}_{inc} + T_{setup} \leqq T_{clk} - T_{skew} \tag{5.3}$$

また，あるフリップフロップのクロック入力が立ち上がったときに別のフリッ

プフロップが T_{skew} 時間後に立ち上がる可能性がある。よって，ホールドタイム違反にならない条件はつぎのようになる。

$$T^-_{acc} + T^-_{inc} \geqq T_{hold} + T_{skew} \tag{5.4}$$

これらの条件式は，式 (5.1) と式 (5.2) に比べて T_{skew} 時間だけ条件が厳しくなっていると考えられる。

5.1.5 カウンタ回路の動作周波数

クロックのサイクルタイム T_{clk} の逆数 $1\,\mathrm{s}/T_{clk}$ を**動作周波数**と呼ぶ。動作周波数は 1 秒間のクロック CLK の立ち上がりの回数である。例えば，サイクルタイムが 10 ns（ナノ秒）のとき，動作周波数は，$1\,\mathrm{s}/10\,\mathrm{ns} = 100\,\mathrm{MHz}$ となる。**表 5.2** はサイクルタイムと対応する動作周波数の一覧である。この表では，単位の接頭辞，$10^{-3} = \mathrm{m}$（ミリ），$10^{-6} = \mu$（マイクロ），$10^{-9} = \mathrm{n}$（ナノ），$10^{-12} = \mathrm{p}$（ピコ），$10^{3} = \mathrm{K}$（キロ），$10^{6} = \mathrm{M}$（メガ），$10^{9} = \mathrm{G}$（ギガ）を用いた場合も示している。

表 5.2 サイクルタイムと動作周波数

サイクルタイム	10^{0} s 1 s	10^{-1} s 100 ms	10^{-2} s 10 ms	10^{-3} s 1 ms	10^{-4} s 100 μs	10^{-5} s 10 μs
動作周波数	10^{0} Hz 1 Hz	10^{1} Hz 10 Hz	10^{2} Hz 100 Hz	10^{3} Hz 1 kHz	10^{4} Hz 10 kHz	10^{5} Hz 100 kHz
サイクルタイム	10^{-6} s 1 μs	10^{-7} s 100 ns	10^{-8} s 10 ns	10^{-9} s 1 ns	10^{-10} s 100 ps	10^{-11} s 10 ps
動作周波数	10^{6} Hz 1 MHz	10^{7} Hz 10 MHz	10^{8} Hz 100 MHz	10^{9} Hz 1 GHz	10^{10} Hz 10 GHz	10^{11} Hz 100 GHz

回路のサイクルタイム T_{clk} が小さい，つまり動作周波数が大きいほうが高速に動作できることになる。ただし，サイクルタイム T_{clk} を小さくしすぎると，条件式 (5.3) を満たさなくなりセットアップタイム違反となる。その下限である**最小サイクルタイム** T^-_{clk} は，条件式 (5.3) より，つぎの式で計算できる。

$$T_{clk}^{-} = T_{acc}^{+} + T_{inc}^{+} + T_{setup} + T_{skew} \tag{5.5}$$

例えば，図 5.1 のカウンタ回路で，$n = 4$ ビットの場合について最小サイクルタイムを計算する。フリップフロップの最大アクセスタイムが $T_{acc}^{+} = 0.3\,\mathrm{ns}$，最小アクセスタイムが $T_{acc}^{-} = 0.1\,\mathrm{ns}$，セットアップタイムが $T_{setup} = 0.3\,\mathrm{ns}$，ホールドタイムが $T_{hold} = 0.3\,\mathrm{ns}$，クロックスキューが $T_{skew} = 0.1\,\mathrm{ns}$ であると仮定する。また，このカウンタ回路では，図 3.2 の 4 ビットインクリメント回路が使われる。半加算器 1 個分の最大遅延時間を 0.2 ns と仮定すると，入力 X_0 から出力 S_3 までは 4 個の半加算器を通るので，インクリメント回路の最大遅延時間は $T_{inc}^{+} = 0.8\,\mathrm{ns}$ となる。よって，最小サイクルタイムは，$T_{clk}^{-} = 0.3 + 0.8 + 0.3 + 0.1 = 1.5\,\mathrm{ns}$ となる。**最大動作周波数**は，その逆数で $1\,\mathrm{s}/1.5\,\mathrm{ns} \approx 667\,\mathrm{MHz}$ となる。これより大きな動作周波数のクロックをカウンタ回路のクロック CLK に入力すると，セットアップタイム違反となり，正しく動作しない可能性がある。

さらに，カウンタ回路を正しく動作させるためには，条件式 (5.4) を満たし，ホールドタイム違反をしないようにする必要がある。図 3.2 の 4 ビットインクリメント回路では，入力 X_0 から出力 S_0，X_1 から S_1，X_2 から S_2，および X_3 から S_3 が半加算器を 1 個だけ通るので，インクリメント回路の最小遅延時間は $T_{inc}^{-} = 0.2\,\mathrm{ns}$ となる。条件式 (5.4) に代入すると，$0.1 + 0.2 \geqq 0.3 + 0.1$ となり成り立たず，ホールドタイム違反となってしまう。これを解決するためには，インクリメント回路を修正して，最小遅延時間 T_{inc}^{-} を大きくする必要がある。そのためには，最小遅延となっている部分に**バッファ回路**を挿入して，最小遅延時間 T_{inc}^{-} を大きくする。**図 5.5**(a) はバッファ回路の回路記号であり，図 (b) はそのタイミングチャートである。入力 X からの信号が一定時間遅延して出力 Y に伝わる。ここでは，バッファ回路の遅延時間を 0.1 ns と仮定する。

(a)　バッファ回路の回路記号　　　(b)　バッファ回路のタイミングチャート

図 5.5　バッファ回路とそのタイミングチャート

条件式 (5.4) を満たすように, インクリメント回路の最小遅延時間を $T_{inc}^{+} \geqq 0.3\,\mathrm{ns}$ とする必要がある。そのためには，図 3.2 の 4 ビットインクリメント回路の出力 S_0，S_1，S_2，S_3 にバッファ回路を 1 個ずつ挿入し，遅延時間を 0.1 ns 増加させる。すると，最小遅延時間が $t_{inc}^{-} = 0.3\,\mathrm{ns}$ となり，条件式 (5.4) は，$0.1 + 0.3 \geqq 0.3 + 0.1$ となり条件を満たし，ホールドタイム違反を回避できる。

一方，バッファ回路を挿入したので，インクリメント回路の最大遅延時間 T_{inc}^{+} も 0.1 ns 増加し，$T_{inc}^{+} = 0.9\,\mathrm{ns}$ となる。条件式 (5.5) の最小サイクルタイムは $T_{clk} = 0.3 + 0.9 + 0.3 + 0.1 = 1.6\,\mathrm{ns}$ となり，最大動作周波数は，$1\,\mathrm{s}/1.6\,\mathrm{ns} \approx 625\,\mathrm{MHz}$ に低下する。

5.2　2のべきでないカウンタ回路

2^n 進カウンタ回路は，n ビットインクリメント回路と n ビットレジスタを用いてつくることができた。この方法は，2, 4, 8, 16, ⋯ のように n が 2 のべきの場合にのみ適用できる。本節では，2 のべきではない場合，例えば 5 進カウンタ回路を設計する。5 進カウンタは，3 ビットの出力 $Q_2Q_1Q_0$ を持ち，CLK の立ち上がりごとに 000→ 001→ 010→ 011→ 100→ 000 と値が変わる。つまり，$Q_2Q_1Q_0$ の値 Q が $(Q + 1) \bmod 5$ で更新される。

5.2.1　間違った設計方法

まず思いつくのは, 8 進カウンタ回路を修正し, $Q_2Q_1Q_0$ が 101 になったとき，3 ビットレジスタの $\overline{RST}$ を 0 として，強制的に保持する値を 000 にする方法である。つまり, $Q_2Q_1Q_0 = 100$ のときに CLK の立ち上がり後, $Q_2Q_1Q_0 = 101$ となる。このとき，3 ビットフリップフロップの $\overline{RST}$ を 0 とする。回路外部からの $\overline{RST}$ が 0 のときも 3 ビットフリップフロップの $\overline{RST}$ を 0 にするので，3 ビットフリップフロップの非同期リセット入力 $\overline{RST}$ の論理式は，つぎのように求められる。

$$\overline{Q_2 \cdot \overline{Q_1} \cdot Q_0} \cdot \overline{RST} = (\overline{Q_2} + Q_1 + \overline{Q_0}) \cdot \overline{RST}$$

この式をもとに，3 ビットレジスタのリセット入力 $\overline{RST}$ を**図 5.6** のように変更する。$Q_2Q_1Q_0 = 101$ のとき図の OR ゲートの出力が 0 になり，レジスタの入力 $\overline{RST}$ が 0 になる。すると，非同期リセットとなり，$Q_2Q_1Q_0$ が 000 となる。

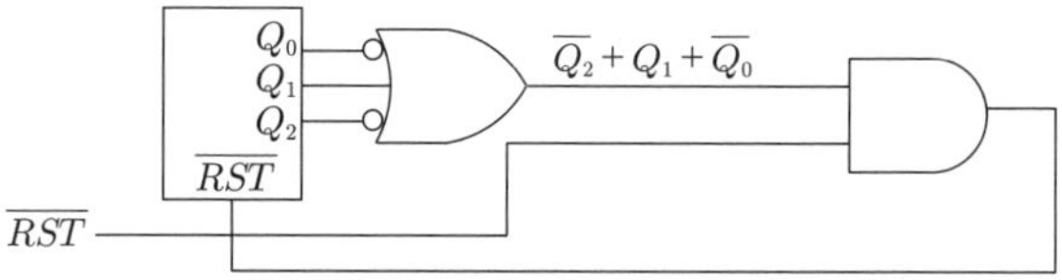

図 5.6　間違った 5 進カウンタ回路（一部）

図 5.7 は，この回路のレジスタトランスファレベルシミュレーションのタイミングチャートである。ここでは，$\overline{RST} = 1$ から 0 になったとき，ϵ 時間経過後にフリップフロップの値が 0 になると仮定する。$Q_2Q_1Q_0$ の値が 101 になった瞬間，図 5.6 のレジスタの入力 $\overline{RST}$ の値が 0 となり，非同期リセットが行われる。$Q_2Q_1Q_0$ の値が 000 になるのは，ϵ 時間後であり，これがつぎの CLK の立ち上がりの前であれば，正しく動作する。

しかし，より実際に近いゲートレベルシミュレーションにより，正しく動作しない場合があることを示せる。ゲートレベルシミュレーションでは，フリッ

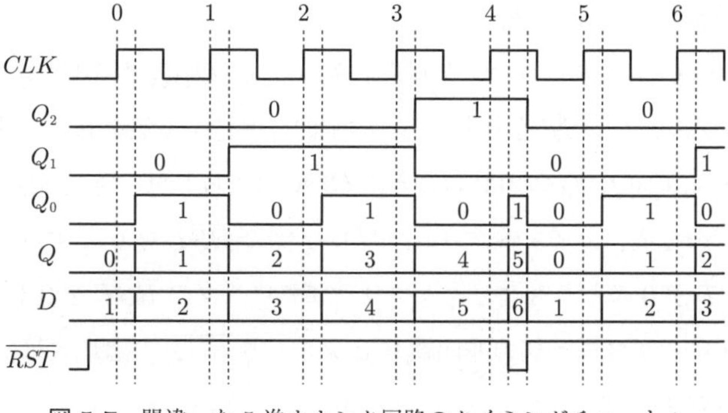

図 5.7　間違った 5 進カウンタ回路のタイミングチャート：
レジスタトランスファレベルシミュレーション

プフロップのクロック CLK の立ち上がり後，Q の出力が変化するのは，T_{acc}^{-} 時間後から T_{acc}^{+} 時間後までの間である。よって，複数のフリップフロップを用いる場合，フリップフロップの出力が変化するのに最大で $T_{acc}^{+} - T_{acc}^{-}$ 時間の差が生じる。**図 5.8** は，ゲートレベルシミュレーションのタイミングチャートである。時刻 3 の CLK の立ち上がりの瞬間の $Q_2Q_1Q_0$ の値は 011 である。このとき，$D_2D_1D_0 = 100$ であり，CLK の立ち上がりで $Q_2Q_1Q_0$ にこの値が書き込まれる。Q_0 への書き込みが完了し，書き込み後の値が Q_0 から出力されるのが Q_2Q_1 より $T_{acc}^{+} - T_{acc}^{-}$ 時間遅れたとする。すると，この間 $Q_2Q_1Q_0$ の値が 101 なので，3 個のフリップフロップの $\overline{RST}$ が 0 となり，非同期リセットが行われ，$Q_2Q_1Q_0 = 000$ となってしまう。したがって，011 のつぎの値が 000 となり 4 進カウンタとなってしまう。さらに，Q_0 への書き込みの遅れがつねに起こるとは限らないので，4 進カウンタとして動いたり，5 進カウンタとして動いたりする，不安定な回路になってしまう。

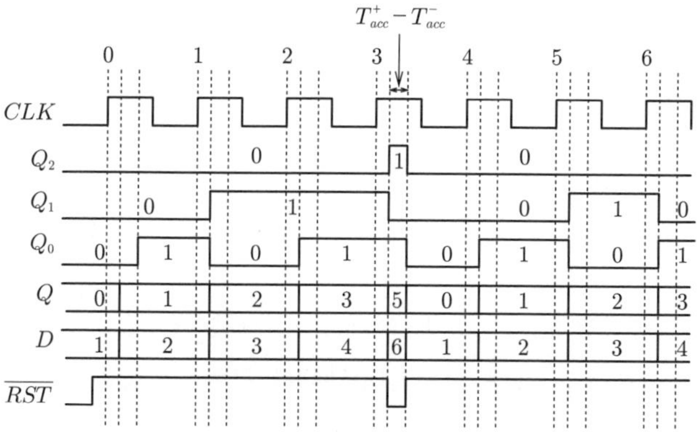

図 5.8 間違った 5 進カウンタ回路のゲートレベルシミュレーション

5.2.2 正しい設計方法

フリップフロップ Q の値の変化のタイミングに依存せず，つねに正しく動作する 5 進カウンタを設計する。そのために，図 5.1 による 3 ビットカウンタのインクリメント回路を修正する。図 5.1 のインクリメント回路は，$n = 3$ のとき，

$S = (X+1) \bmod 8$ を計算する回路である。この回路を $S = (X+1) \bmod 5$ を計算する**5進加算回路**に変更する。

表 5.3 は5進加算回路の真理値表である。$X_2X_1X_0$ が000, 001, 010, 011のときは，$S_2S_1S_0$ はそれに1を加算した001, 010, 011, 100となる。$X_2X_1X_0$ が100のときは，$S_2S_1S_0$ は000となる。$X_2X_1X_0$ に101, 110, 111が入力されることはないので，$S_2S_1S_0$ は禁止入力 ××× になる。

表 5.3　5進加算回路の真理値表

X_2	X_1	X_0	S_2	S_1	S_0
0	0	0	0	0	1
0	0	1	0	1	0
0	1	0	0	1	1
0	1	1	1	0	0
1	0	0	0	0	0
上記以外			×	×	×

図 5.9 は，表5.3の5進加算回路の真理値表をもとに作成したカルノー図である。このカルノー図より，S_0，S_1，S_2 のつぎの論理式が得られる。

$$S_0 = \overline{X_0} \cdot \overline{X_2} \tag{5.6}$$

$$S_1 = X_0 \cdot \overline{X_1} + \overline{X_0} \cdot X_1 = X_0 \oplus X_1 \tag{5.7}$$

$$S_2 = X_0 \cdot X_1 \tag{5.8}$$

これらの論理式をもとに，5進加算回路を作成することができる。そして，図5.1のインクリメント回路を5進加算回路に置き換えれば，正しい5進カウ

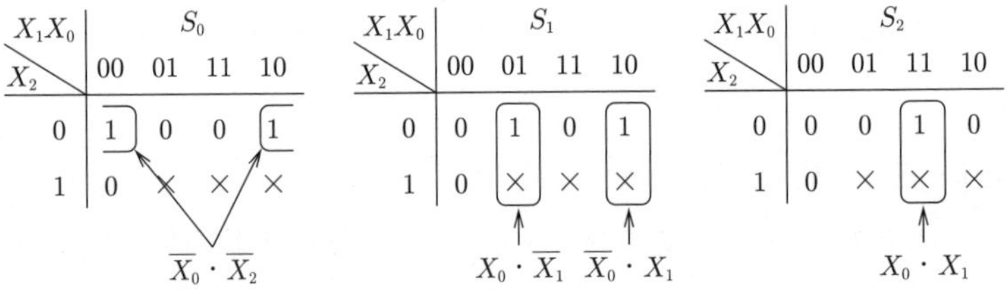

図 5.9　5進加算回路のカルノー図

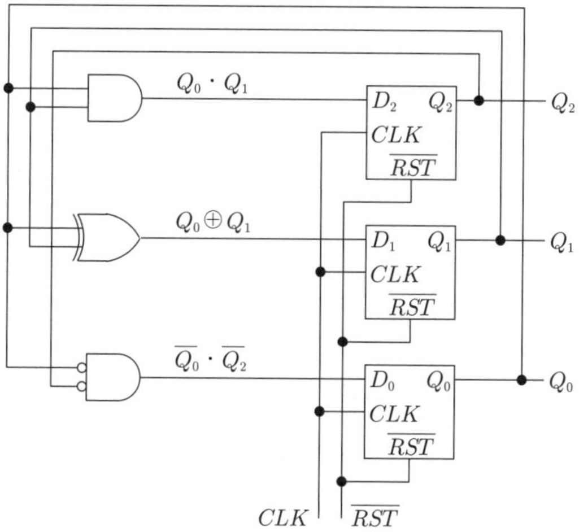

図 5.10　5 進カウンタ回路

ンタが完成する。**図 5.10** は正しい 5 進カウンタの回路図である。

図 5.11 は正しい 5 進カウンタのレジスタトランスファレベルシミュレーションによるタイミングチャートである。つねに $D = (Q + 1) \bmod 5$ が成り立つので，CLK の立ち上がりで，Q に $(Q + 1) \bmod 5$ が書き込まれ，正しく動作することがわかる。ゲートレベルシミュレーションにおいても，CLK のサイクルタイムやフリップフロップの時間定数がセットアップタイム制約とホールドタイム制約を満たせば，正しく動作する。

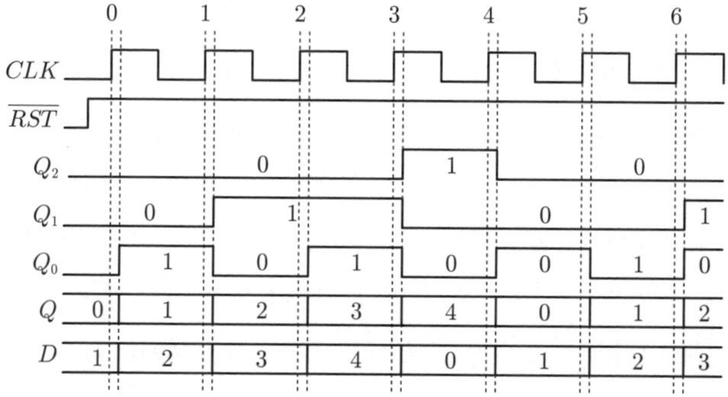

図 5.11　正しい 5 進カウンタ回路のタイミングチャート：
レジスタトランスファレベルシミュレーション

5.3 完全同期式順序回路

完全同期式順序回路とは，つぎの二つの条件を満たす順序回路である。

- すべてのフリップフロップのクロック CLK が単一の外部のクロック CLK に接続している。
- すべてのフリップフロップの非同期セット入力 $\overline{SET}$ と非同期リセット入力 $\overline{RST}$ が接続できるのは，外部のリセット入力 $\overline{RST}$ のみである。

外部の CLK は，通常，周期的な矩形波を出力する**発振回路**（oscillator）と接続する。この矩形波は，一定のサイクルタイム T_{clk} 時間ごとに立ち上がりが起こる。これがすべてのフリップフロップの CLK に入力される。外部の $\overline{RST}$ は，システムリセットつまり，回路に電源を投入し動作を開始するときに最初は 0 で，しばらくすると 1 になるものとする。よって，電源投入時は $\overline{RST}$ を接続しているすべてのフリップフロップの保持する値は 0 となり，$\overline{SET}$ を接続している場合は，1 となる。

このような完全同期式順序回路の入力を $X_0, X_1, \cdots$ とし，これらをまとめて X と表す。また，出力を $Y_0, Y_1, \cdots$ とし，これらをまとめて Y と表す。複数のフリップフロップには，番号が割り当てられており，i 番目（$i = 0, 1, \cdots$）のフリップフロップの入力 D を D_i，出力 Q を Q_i と表す。そして，$Q_0, Q_1, \cdots$ をまとめて Q とし，$D_0, D_1, \cdots$ をまとめて D と表す。

図 5.12 は完全同期式順序回路の全体図である。**ムーア**（Moore）**型**（図 (a)），**ミーリー**（Mealy）**型**（図 (b)），**単純**（simple）**型**（図 (c)）の 3 種類に分類される。α がフリップフロップの集合で，β と γ が組み合わせ回路を表している。α の全フリップフロップの CLK には外部からのクロック CLK が接続し，各フリップフロップの $\overline{RST}$ もしくは $\overline{SET}$ のいずれかが外部からの非同期リセット $\overline{RST}$ に接続する。β は入力 X とフリップフロップの出力 Q から，フリップフロップの入力 D を計算する組み合わせ回路である。この β を**状態計算回路**と呼ぶ。組み合わせ回路 γ は，ムーア型とミーリー型で異なる。ムーア型で

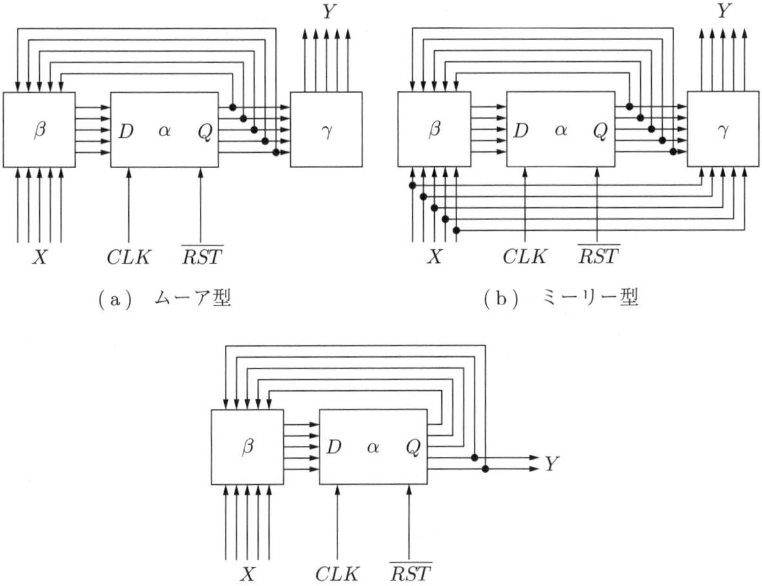

（a） ムーア型　（b） ミーリー型

（c） 単純型

図 5.12　ムーア型，ミーリー型，単純型の完全同期式順序回路

は，γ は Q を入力とし，Y を出力する。一方，ミーリー型では，Q と X を入力とし，Y を出力する。この組み合わせ回路 γ を**出力計算回路**と呼ぶ。単純型には，γ は存在せず，Q の全部または一部がそのまま出力 Y となる。つまり，$Y \subseteq Q$ である。ムーア型と単純型では，Y は Q にのみ依存するので，CLK に同期して Y の値が変化する。つまり，レジスタトランスファレベルシミュレーションにおいて，CLK の立ち上がりから ϵ 時間経過後にのみ Y の値が変化する。ミーリー型では，入力 X にも依存するので，X の値が変化するとただちに Y の値が変わることもある。よって，X の変化が CLK に同期していないと，Y の値も同期せず，CLK の立ち上がりから ϵ 時間経過後以外でも Y の値が変わることがある。

状態計算回路 β と出力計算回路 γ は，独立の分離した回路である必要はなく，大きさを小さくするために，一部共用することもあり得る。例えば，出力 Y_0 と出力 D_0 が，フリップフロップの出力 Q のみから計算される同一の論理関数の場合，この論理関数を計算する同一の組み合わせ回路を状態計算回路 β と出力計算回路 γ 用にそれぞれ配置するのは無駄であり，共用することにより順序回路の大きさを削減できる。

このような完全同期式順序回路では，単一の外部からのクロック CLK の立ち上がりに同期して，すべてのフリップフロップの出力 Q が更新される。最初は外部からの $\overline{RST}$ は 0 が入力されており，この値が一定時間後に 1 に変わる。その後の最初の CLK の立ち上がりを時刻 0 とする。クロック CLK が立ち上がるごとに，時刻 $1, 2, 3, \cdots$ と増えていくものとする。このときのレジスタトランスファレベルシミュレーションは，つぎのようになる。

記号 I_i を導入し，α の i 番目のフリップフロップが $\overline{RST}$ に接続している場合は $I_i = 0$，$\overline{SET}$ に接続している場合は $I_i = 1$ とする。そして，$I_0, I_1, \cdots$ をまとめたものを I と表す。**図 5.13** のタイミングチャートのように，時刻 t（$t \geqq 0$）における X，Y，Q，D の値をそれぞれ X^t，Y^t，Q^t，D^t とする。

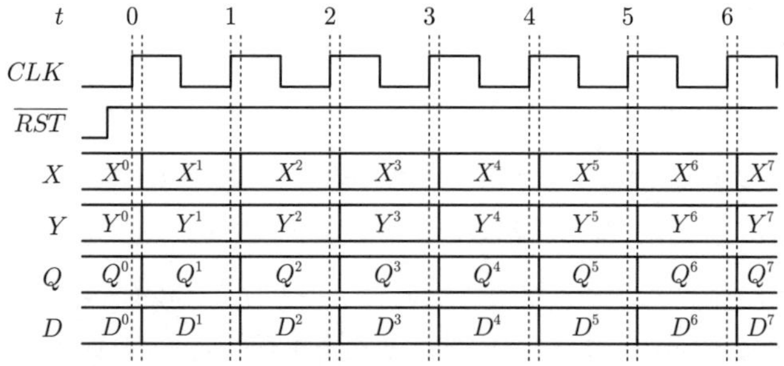

図 5.13　完全同期式順序回路のタイミングチャート

非同期リセット $\overline{RST} = 0$ のときは，Q の値は I になる。CLK の立ち上がりの瞬間の D の値が Q に書き込まれる。状態計算回路 β による計算は，Q と X を引数とし，D の値を返す論理関数である。これを同じ記号を用い論理関数 β とする。また，出力計算回路 γ による計算は，同じ記号を用い論理関数 γ とする。ムーア型では γ は Q を引数とし，Y の値を返し，ミーリー型では，Q と X を引数とし，Y の値を返す論理関数である。単純型は出力計算回路 γ を持たないが，論理関数 γ は，Q を引数とし，その全部または一部をそのまま返す関数とする。完全同期式順序回路のレジスタトランスファレベルシミュレーションでは，つぎの式が成り立つ。

$$Q^t = I \qquad (t = 0) \tag{5.9}$$

$$Q^t = D^{t-1} = \beta(X^{t-1}, Q^{t-1}) \qquad (t = 1, 2, 3, \cdots) \tag{5.10}$$

$$Y^t = \gamma(Q^t) \qquad (t = 0, 1, 2, \cdots) \text{：ムーア型，単純型} \tag{5.11}$$

$$Y^t = \gamma(X^t, Q^t) \qquad (t = 0, 1, 2, \cdots) \text{：ミーリー型} \tag{5.12}$$

完全同期式順序回路の正しさを検証するには，これらの式をもとに Y^t の値が設計者の意図した出力になっているかどうかを確認すればよい。そして，セットアップタイム違反とホールドタイム違反が発生しないように，サイクルタイム等を設定すれば，ゲートレベルシミュレーションにおいても正しく動作する。具体的には，フリップフロップのセットアップタイムを T_{setup} 時間，ホールドタイムを T_{hold} 時間，フリップフロップの最小アクセスタイムを T_{acc}^- 時間，最大アクセスタイムを T_{acc}^+ 時間，クロックスキューを T_{skew} 時間と表す。これらの値は基本的にデバイスによって定まり，通常，回路設計者は変更することができない。クロックに入力される発振回路のサイクルタイムを T_{clk} 時間とし，状態計算回路 β の遅延時間を最小 T_β^+ 時間，最大 T_β^- 時間とする。この三つの時間は，回路設計者が変更することのできる時間である。特に，これらの三つの時間を大きくすることは容易である。クロックのサイクルタイム T_{clk} は，n ビット非同期カウンタを用いた分周回路により，2^n（$n \geqq 0$）倍にすることができる。また，T_β^- と T_β^+ は，バッファ回路を挿入することにより，大きくすることができる。したがって，動作シミュレーションで正しく動作する完全同期式順序回路は，ゲートレベルシミュレーションでも正しく動作するように設定することができる。

具体的手順はつぎのようになる。所望の機能を持つ完全同期式順序回路を設計し，レジスタトランスファレベルシミュレーションで正しいことが確認できているものとする。ゲートレベルシミュレーションでは，つぎの条件式を満たせば，ホールドタイム違反にならない。

$$T_{acc}^{-} + T_{\beta}^{-} \geqq T_{hold} + T_{skew} \tag{5.13}$$

もし満たさないのであれば，バッファ回路を組み合わせ回路 β に追加して，T_{β}^{-} を増やして，この条件式を満たすようにする。また，つぎの式を満たせばセットアップタイム違反にならない。

$$T_{acc}^{+} + T_{\beta}^{+} + T_{setup} \leqq T_{clk} - T_{skew} \tag{5.14}$$

もし満たさないのであれば，T_{clk} の値を満たすまで分周回路等を用いて増やせばよい。

以上より，完全同期式順序回路はレジスタトランスファレベルシミュレーションで正しく動作することを確認すれば十分である。そして，ホールドタイム違反やセットアップタイム違反にならないように，バッファ回路を追加したり，サイクルタイムを決めればよい。

完全同期式順序回路の大きさは，組み合わせ回路部分の大きさ，つまり状態計算回路と出力計算回路に用いる汎 2 入力ゲートの個数と，使用するフリップフロップの個数で評価する。例えば，図 5.10 の場合，組み合わせ回路部分の大きさは 3 であり，フリップフロップの個数は 3 である。

5.4　ステートマシンとワンホットステートマシン

5.4.1　ムーア型完全同期式順序回路によるステートマシンの設計

有限オートマトンをムーア型完全同期式順序回路で設計する。この順序回路を**ステートマシン**と呼ぶ。**有限オートマトン**とは，5 要素（Σ, S, δ, I, F）で定義される。Σ は入力記号集合，S は状態集合，$\delta : S \times \Sigma \to S$ は状態遷移関数，I は初期状態，F は受理状態集合である。有限オートマトンは，**図 5.14** のような状態遷移図で表すことができる。この有限オートマトンの状態集合は

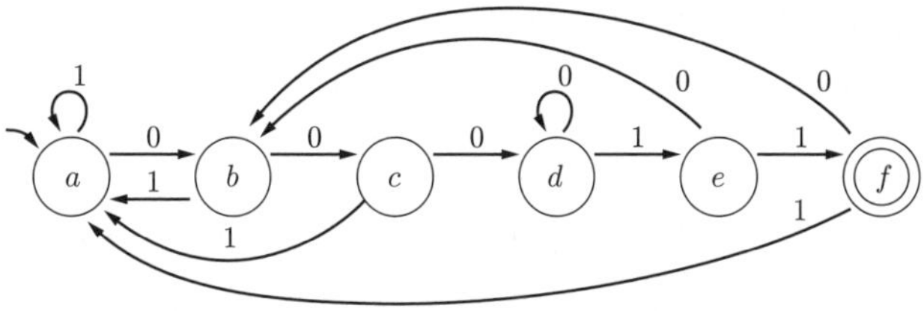

図 **5.14**　有限オートマトンの状態遷移図

$S = \{a, b, c, d, e, f\}$ である。そして，0 または 1 の記号が与えられるたびに，矢印で示された状態に遷移するので，入力記号集合は $\Sigma = \{0, 1\}$ である。また，0 または 1 のラベルのない矢印が a に入っているので，状態 a は初期状態，つまり $I = a$ である。二重の円で表された状態 f は受理状態であり，この場合受理状態集合は，$F = \{f\}$ である。初期状態は必ず一つであるが，受理状態は複数の状態であることも可能である。また，状態遷移関数 δ は**表 5.4** のように定義される。例えば，図 5.14 の状態 a から b への矢印のラベルが 0 なので，$\delta(a, 0) = b$ となる。

表 5.4　図 5.14 の有限オートマトンの状態遷移関数 δ

現在の状態 q	つぎの状態	
	$\delta(q, 0)$	$\delta(q, 1)$
a	b	a
b	c	a
c	d	a
d	d	e
e	b	f
f	b	a

この有限オートマトンでは，最初は初期状態 a であり，記号を読むたびに，状態遷移関数 δ に従って遷移する。一般に，状態が q（$\in S$）のときに入力記号 $x \in \Sigma$ を読んだとき，遷移先は $\delta(q, x)$ である。この有限オートマトンは，記号を読んで遷移したときに，それを含めた直前の五つの記号が 00011 のときに受理状態 F であるように設計されている。

有限オートマトンをムーア型完全同期式順序回路で設計する。入力記号の 0

と 1 をそのまま回路に入力される真理値 0 と 1 に対応付ける。ステートマシンの入力を X，出力を Y とする。有限オートマトンの入力 0 と 1 が，クロック CLK の立ち上がりごとに X から入力される。また，有限オートマトンが受理状態 f のとき $Y=1$ を，それ以外の状態のときは $Y=0$ を出力する。状態は六つなので，3 個のフリップフロップを用い，その入力を D_0，D_1，D_2，出力を Q_0，Q_1，Q_2 とする。1 個のフリップフロップは 0 または 1 の 2 種類の値を保持するので，3 個のフリップフロップでは最大 $2^3=8$ 通りの状態を保持することができる。よって，3 個のフリップフロップがあれば，6 状態を区別することができる。3 個のフリップフロップの保持する値を 3 ビット $Q_2Q_1Q_0$ と表し，状態と 3 ビットの対応を $a=000$，$b=001$，$c=010$，$d=011$，$e=100$，$f=101$ と定める。すると，表 5.4 の状態遷移関数をもとに，入力 X とフリップフロップの現在の値 $Q_2Q_1Q_0$ によって，遷移後のフリップフロップの値 $D_2D_1D_0$ を定める**表 5.5** をつくることができる。例えば，$XQ_2Q_1Q_0=0000$（入力記号 0，状態 a）のとき，$D_2D_1D_0=001$（状態 b）となる。この表が，完全同期式順序回路の状態遷移関数 $\beta(X,Q_2,Q_1,Q_0)=(D_2,D_1,D_0)$ を定めている。

表 5.5　状態遷移関数 $\beta(X,Q_2,Q_1,Q_0)=(D_2,D_1,D_0)$ の真理値表

$XQ_2Q_1Q_0$	$D_2D_1D_0$	$XQ_2Q_1Q_0$	$D_2D_1D_0$
0000 (a)	001 (b)	1000 (a)	000 (a)
0001 (b)	010 (c)	1001 (b)	000 (a)
0010 (c)	011 (d)	1010 (c)	000 (a)
0011 (d)	011 (d)	1011 (d)	100 (e)
0100 (e)	001 (b)	1100 (e)	101 (f)
0101 (f)	001 (b)	1101 (f)	000 (a)

表 5.5 の状態遷移関数 β を計算する論理式を求める。そのために，D_2，D_1，D_0 を表すカルノー図を作成する。**図 5.15** がそのカルノー図である。$Q_2Q_1Q_0$ が 110 と 111 になることはないので，禁止入力 × となっている。例えば，表 5.5 において，$XQ_2Q_1Q_0=0000$ のとき，$D_2D_1D_0=001$ なので，カルノー図の左上隅は，D_0 は 1 で，D_1 と D_2 は 0 となっている。

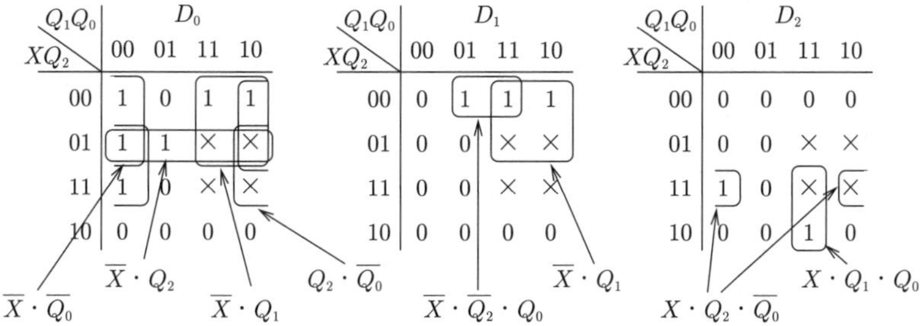

図 5.15 ステートマシンの状態遷移関数 $\beta(X, Q_2, Q_1, Q_0) = (D_2, D_1, D_0)$ のカルノー図

図 5.15 のカルノー図をもとに，最も簡単な積和形の論理式がつぎのように得られる。

$$D_0 = \overline{X}\cdot\overline{Q_0} + \overline{X}\cdot Q_1 + \overline{X}\cdot Q_2 + Q_2\cdot\overline{Q_0}$$

$$D_1 = \overline{X}\cdot Q_1 + \overline{X}\cdot\overline{Q_2}\cdot Q_0$$

$$D_2 = X\cdot Q_1\cdot Q_0 + X\cdot Q_2\cdot\overline{Q_0}$$

つぎに，出力計算関数 $\gamma(Q_2, Q_1, Q_0) = Y$ を求める。$Q_2Q_1Q_0 = 101$ のときのみ $Y = 1$ となるので，**図 5.16** のカルノー図が得られ，つぎの積和形の論理式が求められる。

$$Y = Q_2\cdot Q_0$$

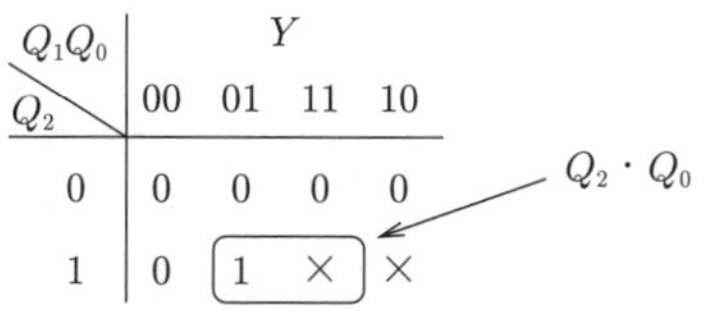

図 5.16 ステートマシンの出力関数 Y のカルノー図

状態計算関数 β と出力計算関数 $\gamma(Q_2, Q_1, Q_0) = Y$ をもとにムーア型完全同期式順序回路を設計した回路図が**図 5.17** である。D_0 と D_1 の論理式は同じ積項 $\overline{X}\cdot Q_1$ を持っているので，共用することができる。よって，7 個の AND ゲートと 3 個の OR ゲートで状態計算回路をつくることができる。また，出力

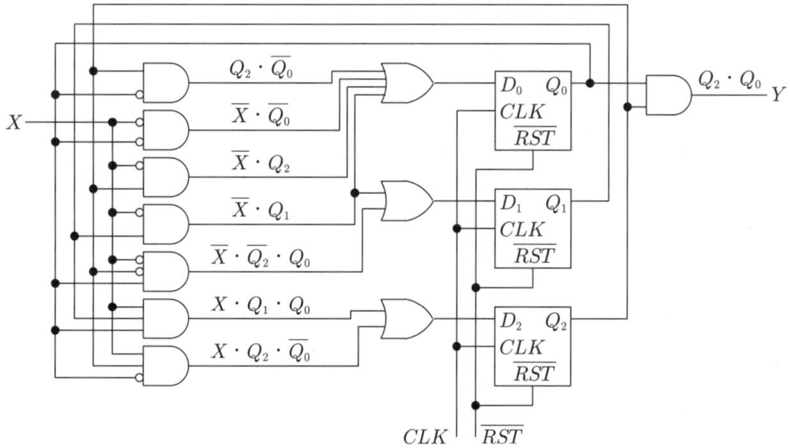

図 5.17　有限オートマトンを実現するムーア型のステートマシン

計算回路は 1 個の AND ゲートを用いる。

ステートマシンは完全同期式順序回路なので，レジスタトランスファレベルシミュレーションで論理的に正しいことを確認すればよい。**図 5.18** はステートマシンのレジスタトランスファレベルシミュレーションである。CLK の立ち上がりごとに，入力 X とフリップフロップの出力の値に依存して，フリップフロップの値が更新される。入力 X には，00001111 が順に与えられる。この列は，00011 を含んでおり，二つ目の 1 が入力される時刻 5 の CLK の立ち上がり直後に受理状態 f に遷移し，出力 Y が 1 になる。

フリップフロップの時間定数や状態計算回路の遅延時間から計算されるサイ

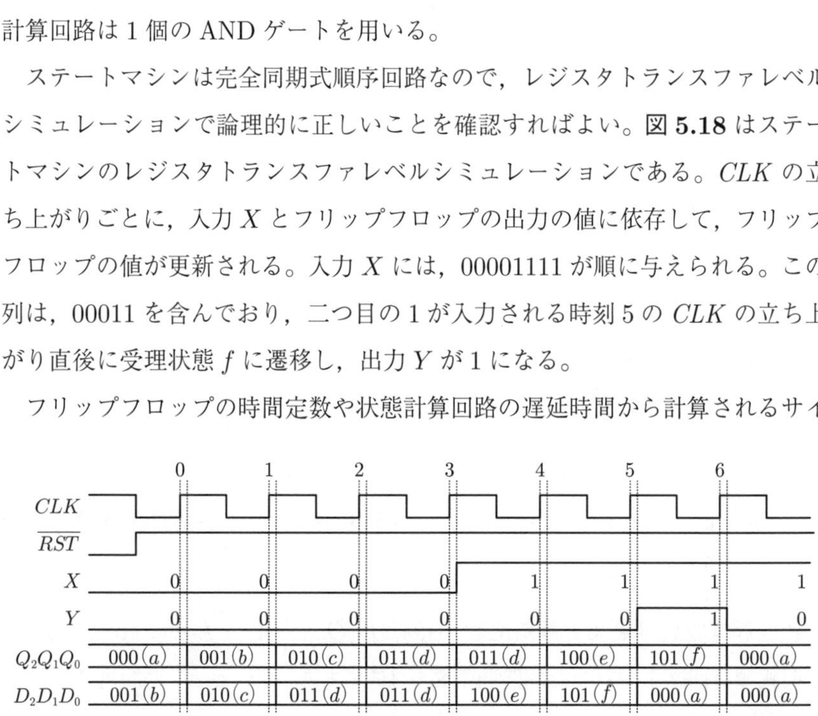

図 5.18　図 5.17 のステートマシンのレジスタトランスファレベルシミュレーションのタイミングチャート

クルタイムの下限値より小さくならないように，クロック CLK を設定すれば，図 5.17 のステートマシンは正しく動作する。入力 X が CLK と同期せず，任意の時間に変化するなら，CLK の立ち上がりとほぼ同時に X が変化することもあり得る。この場合，セットアップタイム違反やホールドタイム違反になり，フリップフロップがメタステーブル状態になってしまうことがある。これを確実に回避する方法はないが，高い確率で避ける方法は 6.2 節で説明する。

5.4.2 ステートマシンのハザード

図 5.17 のステートマシンを実際に動作させると，出力 Y に**ハザード**（意図しないひげ状の短時間の値の変化）が発生する可能性がある。ゲートレベルシミュレーションにより，ハザードを確認する。

図 5.19 はステートマシンのゲートレベルシミュレーションで，時刻 4 の部分を拡大している。図 5.18 のレジスタトランスファレベルシミュレーションの時刻 4 の CLK の立ち上がりで，$Q_2Q_1Q_0$ が $011(d)$ から $100(e)$ に変化している。ゲートレベルシミュレーションでは，フリップフロップの値の更新に最大で $T_{acc}^{+} - T_{acc}^{-}$ 時間の差が生じる。図 5.19 のように，Q_2 と Q_1 の更新が速く，Q_0 の更新が $T_{acc}^{+} - T_{acc}^{-}$ 時間遅れると，遅れている間 $Q_2Q_1Q_0 = 101$ となり，この短い時間だけ $Y = 1$ となってしまうハザードが発生する。この出力 Y が異なるクロックで動作する別の順序回路の入力として使われる場合には，その

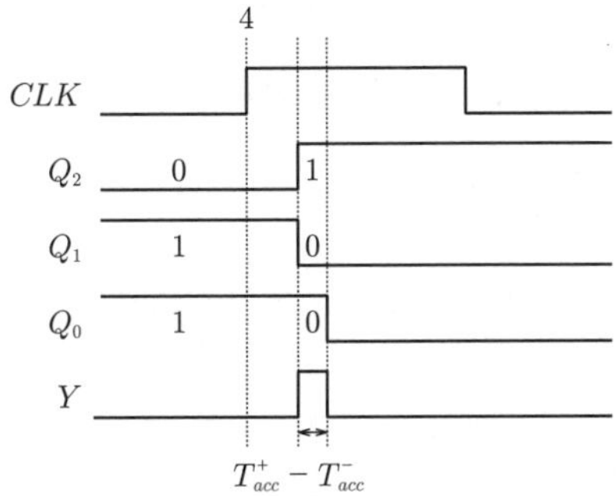

図 5.19　図 5.17 のステートマシンのゲートレベルシミュレーションのタイミングチャート

順序回路の誤動作の原因となり得るので注意が必要である。

5.4.3 単純型完全同期式順序回路によるステートマシンの設計

ステートマシンのハザードを避けるには，完全同期式順序回路の出力をフリップフロップにいったん書き込んでから出力する方法がある。例えば，図 5.17 のステートマシンにフリップフロップを 1 個追加し，出力 Y をいったん書き込んで，そのフリップフロップの出力をステートマシンの出力 Y とする。Y はフリップフロップの出力なので，ハザードが発生しない。しかし，フリップフロップにいったん書き込むので，出力がつぎのクロックの立ち上がりまで，つまり，1 クロックサイクル分遅れることになる。

出力のタイミングが遅れないようにするには，つぎの出力をあらかじめ保持するためにフリップフロップを 1 個増やせばよい。図 5.14 の有限オートマトンの場合，四つ目のフリップフロップの出力を Q_3 とする。そして 4 個のフリップフロップが保持する値 $Q_3Q_2Q_1Q_0$ を $a = 0000, b = 0001, c = 0010, d = 0011, e = 0100,$ $f = 1101$ とする。3 ビット $Q_2Q_1Q_0$ については，表 5.5 と同じである。$Q_3 = 1$ となるのは，受理状態 f の場合だけであり，$Y = Q_3$ とすれば，単純型同期式順序回路となる。よって，状態遷移関数 $\beta(X, Q_3, Q_2, Q_1, Q_0) = (D_3, D_2, D_1, D_0)$ を定めればよい。**表 5.6** は，この状態遷移関数の真理値表である。表 5.5 の真理値表の各状態に対するビット列の割り当てを 3 ビットから 4 ビットに拡張したものとなっている。D_0，D_1，D_2 は表 5.5 の真理値表から得られた論理式をそのまま使うことができるので，D_3 だけ論理式を求めることにする。

表 5.6　状態遷移関数 $\beta(X, Q_3, Q_2, Q_1, Q_0) = (D_2, D_1, D_0)$ の真理値表

$XQ_3Q_2Q_1Q_0$	$D_3D_2D_1D_0$	$XQ_3Q_2Q_1Q_0$	$D_3D_2D_1D_0$
00000 (a)	0001 (b)	10000 (a)	0000 (a)
00001 (b)	0010 (c)	10001 (b)	0000 (a)
00010 (c)	0011 (d)	10010 (c)	0000 (a)
00011 (d)	0011 (d)	10011 (d)	0100 (e)
00100 (e)	0001 (b)	10100 (e)	1101 (f)
01101 (f)	0001 (b)	11101 (f)	0000 (a)

図 5.20 は D_3 のカルノー図である。このカルノー図から，$D_3 = X \cdot Q_2 \cdot \overline{Q_0}$ と $D_3 = X \cdot \overline{Q_3} \cdot Q_2$ が最も簡単な積和形の論理式となる。これらのうち，D_2 の積項に含まれている $D_3 = X \cdot Q_2 \cdot \overline{Q_0}$ を用いることにする。図 5.17 のムーア型のステートマシンのフリップフロップを 1 個増やし，$D_3 = X \cdot Q_2 \cdot \overline{Q_0}$ を状態遷移関数に加えると，単純型完全同期式順序回路のステートマシンが得られる。**図 5.21** はその回路図である。

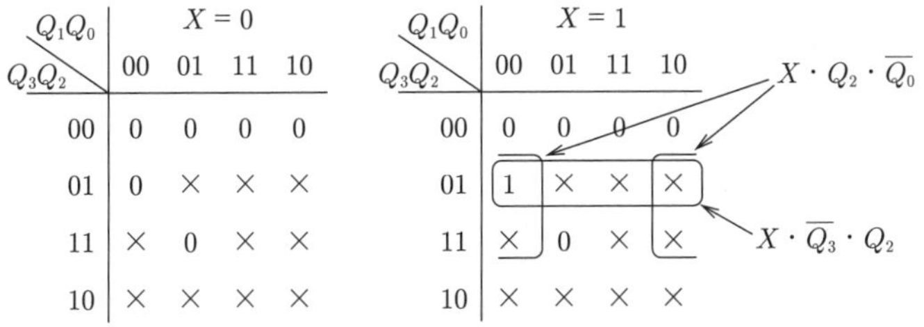

図 5.20　ステートマシンの状態遷移関数 $\beta(X, Q_3, Q_2, Q_1, Q_0) = (D_3, D_2, D_1, D_0)$ の D_3 のカルノー図

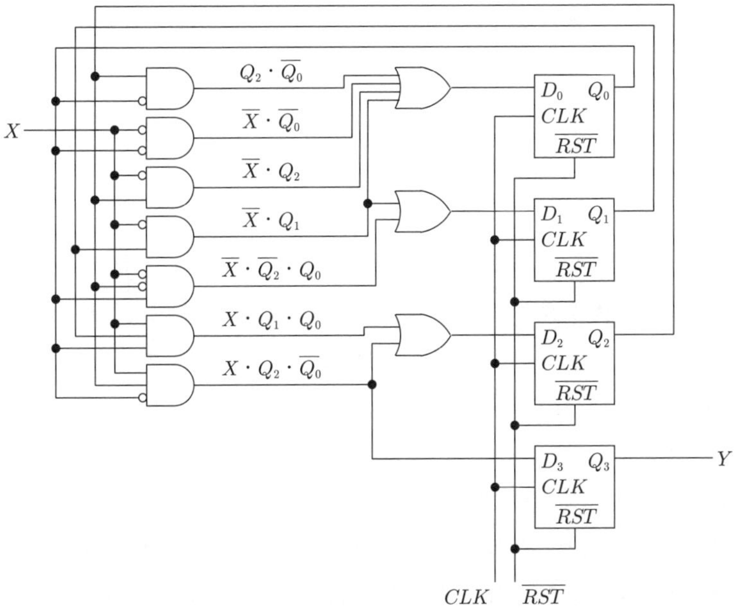

図 5.21　有限オートマトンを実現する単純型ステートマシン

5.4.4　ワンホットステートマシンの設計

図 5.17 のステートマシンでは，三つのフリップフロップの出力 Q_2，Q_1，Q_0 で六つの状態のうち一つを表していた。回路の中でステートマシンを用いる場合，ある状態のときになんらかの動作をしたいということが多い。そのような場合は，各状態に対してフリップフロップを 1 個ずつ用意して，その状態のときに出力が 1 となるように順序回路を設計したほうが便利である。つまり，図 5.14 のステートマシンを実現する順序回路を設計するのに，6 個のフリップフロップ Q_a, Q_b, Q_c, Q_d, Q_e, Q_f を用い，その添字の状態のときのみ出力が 1 になるように設計する。そして，例えば，状態 a のときは，$Q_aQ_bQ_cQ_dQ_eQ_f = 100000$，状態 f のときは $Q_aQ_bQ_cQ_dQ_eQ_f = 000001$ となるようにする。すべてのフリップフロップの中でちょうど 1 個が 1 になり，ほかは 0 になるので，**ワンホットステートマシン**（one-hot state machine）と呼ばれる。

ワンホットステートマシンを設計するために，状態計算関数 β の論理式を求める 6 個のフリップフロップの入力を D_a，D_b，D_c，D_d，D_e，D_f とする。図 5.14 において，遷移後の状態となるように，これらの論理式を求めると，つぎのようになる。

$$D_a = X \cdot (Q_a + Q_b + Q_c + Q_f) \qquad D_b = \overline{X} \cdot (Q_a + Q_e + Q_f)$$

$$D_c = \overline{X} \cdot Q_b \qquad D_d = \overline{X} \cdot (Q_c + Q_d)$$

$$D_e = X \cdot Q_d \qquad D_f = X \cdot Q_e$$

例えば，つぎの状態が a になるのは，$X = 1$ でかつ状態が a，b，c，f のいずれかの場合である。よって，D_a の論理式を上のように書くことができる。$Q_f = 1$ のときに出力 Y が 1 になるので，出力計算関数 γ は，つねに Q_f，つまり $Y = Q_f$ となる。

図 5.22 は，状態計算関数と出力計算関数の論理式をもとに設計したワンホットステートマシンである。初期状態が a なので，$\overline{RST} = 0$ のときに，$Q_aQ_bQ_cQ_dQ_eQ_f$ が 100000 となるように，フリップフロップ Q_a は $\overline{SET}$，ほかのフリップフロップは $\overline{RST}$ を外部リセット $\overline{RST}$ に接続する。

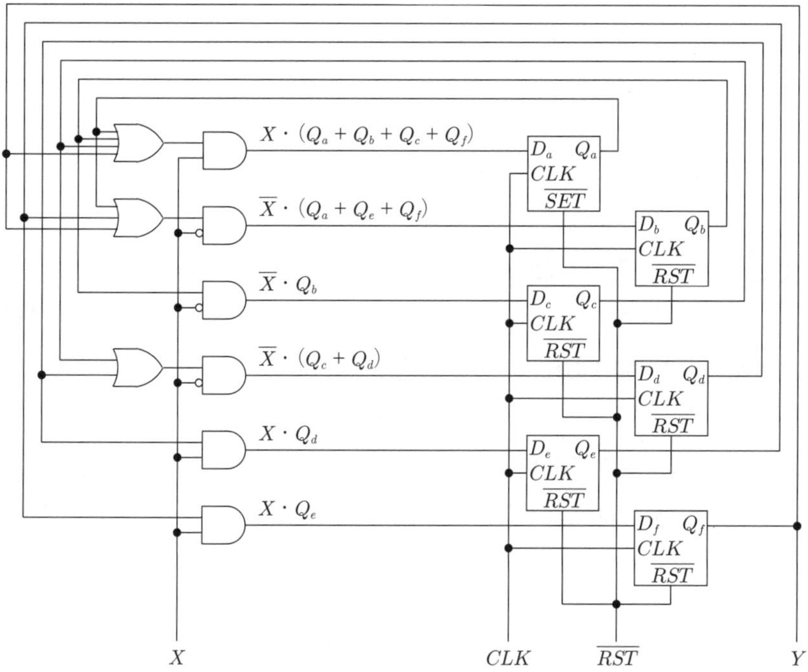

図 5.22　ワンホットステートマシンの順序回路

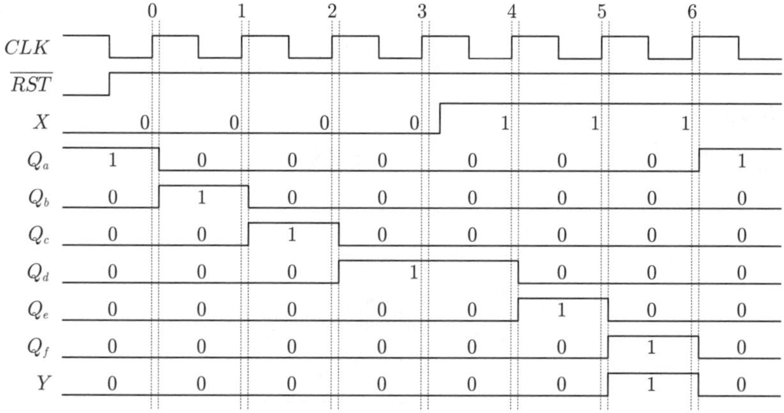

図 5.23　ワンホットステートマシンのレジスタトランスファレベルシミュレーションのタイミングチャート

図 5.23 は，ワンホットステートマシンのタイミングチャートである。図 5.19 と同じ入力を与えているので，状態遷移も同じである。つねに 6 個のフリップフロップのうち 1 個が 1 となっており，残りが 0 である。ワンホットステートマシンは，出力計算回路を持たないので，単純型完全同期式順序回路である。よって，ハザードが発生しない。

5.5　メモリ回路

5.5.1　メモリ回路の仕様

メモリ回路はコンピュータの中の最も重要な構成要素の一つである。メモリ回路は，m ビットのアドレス入力 $A = A_{m-1}A_{m-2}\cdots A_0$，$n$ ビットのデータ入力 $D = D_{n-1}D_{n-2}\cdots D_0$，1 ビットのイネーブル入力 E，クロック入力 CLK，n ビットのデータ出力 $Q = Q_{n-1}Q_{n-2}\cdots Q_0$ を持つ。n ビットのデータは**ワード**と呼ばれ，内部に $M = 2^m$ 個のワードを保持できる配列 M を持っている。データ出力には，配列の A 番目（A 番地）のワード $M[A]$ が出力される。E が 1 のとき，CLK の立ち上がりで配列の A 番地のワード $M[A]$ にデータ入力 D の値が書き込まれる。CLK の立ち上がりに同期して値の書き込みが行われるので，**同期書き込み**と呼ばれる。一方，保持している値は CLK に関係なく，$M[A]$ の値が Q に出力され続けるので，**非同期読み出し**と呼ばれる。**図 5.24** は，2 ビットアドレス・3 ビットデータメモリ回路を表している。内部の配列 M は 3 ビットのワードを $2^2 = 4$ 個記憶することができる。

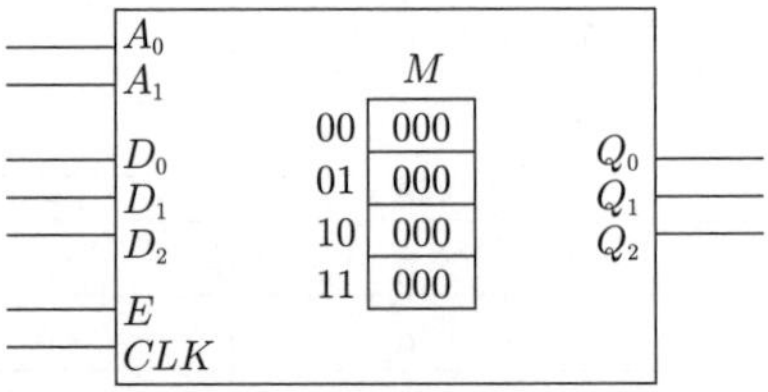

図 5.24　2 ビットアドレス・3 ビットデータのメモリ回路

図 5.25 は，2 ビットアドレス・3 ビットデータのメモリ回路のレジスタトランスファレベルシミュレーションのタイミングチャートである。このタイミングチャートでは，M の全番地の初期値を 000 と仮定する。前半は $E = 1$ として，00，01，10 番地に順に書き込みを行っている。そして，後半では $E = 0$ にして，これらの番地の値を順に読み出している。斜線の部分が M から読み出され Q から出力されるワードである。時刻 0 で番地 00 に 111 を書き込んだときに，出力 Q が 000 から 111 に変わっている。

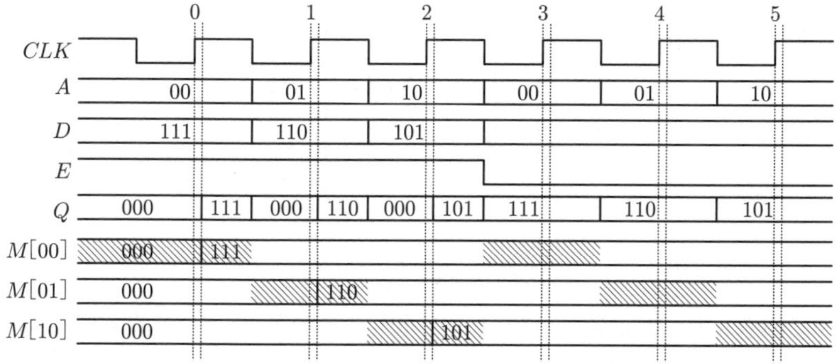

図 5.25 2 ビットアドレス・3 ビットデータのメモリ回路のタイミングチャート

5.5.2 メモリ回路の設計

メモリ回路をミーリー型完全同期式順序回路として設計する。配列 M の値を保持するのにフリップフロップを用いる。m ビットアドレス，n ビットデータの場合，一つの n ビットワードを記憶するのに，n ビットのイネーブル付きフリップフロップを用いる。よって，配列の要素数の 2^m 個の n ビットフリップフロップを用いればよい。フリップフロップを選択するのに m 入力デコーダ回路を用いる。デコーダ回路では，アドレス入力から指定された 2^m の出力のうち 1 個だけが 1 になり，残りは 0 となる。このデコーダ回路は，アドレス入力をデコードするので**アドレスデコーダ**と呼ばれる。アドレスデコーダの出力を用いて，読み書きを行うフリップフロップを選択する。

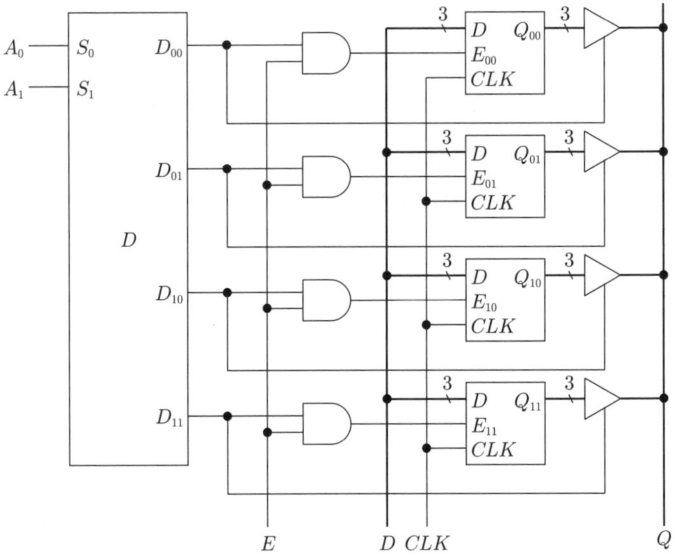

図 5.26　2 ビットアドレス・3 ビットデータのメモリ回路の回路図

回路図の詳細を**図 5.26** の 2 ビットアドレス・3 ビットデータのメモリ回路を用いて説明する。使用している部品はつぎの 4 種類である。

- **4 個の 3 ビットフリップフロップ（レジスタ）**：イネーブル入力を E_{00}，E_{01}，E_{10}，E_{11} とし，出力を Q_{00}，Q_{01}，Q_{10}，Q_{11} とする。3 ビットレジスタのすべてのデータ入力 D には，メモリ回路への入力 D がそのまま接続する。
- **2 入力デコーダ回路**：アドレス入力 A_1A_0 が 2 入力デコーダ回路の入力 S_1S_0 に接続。四つの出力 D_{00}，D_{01}，D_{10}，D_{11} のうち，$D_{A_1A_0}$ だけが 1 になる。
- **4 個の 2 入力 AND ゲート**：$E=1$ のとき，フリップフロップのイネーブル入力 $E_{A_1A_0}$ だけが 1 となり，ほかのイネーブル入力は 0 となる。このとき，クロック CLK の立ち上がりで，入力 D の値が $Q_{A_1A_0}$ に書き込まれる。$E=0$ のときは，すべてのイネーブル入力が 0 になるので，書き込みは行われない。

- **4 個の 3 ビットスリーステートバッファ回路と 3 ビットバス**：各 3 ビットフリップフロップの出力が入力され，デコーダ回路の出力により 4 個のうち 1 個だけがバスに出力値が書き込まれる。$D_{A_1A_0}=1$ なので，$Q_{A_1A_0}$ がバスに書き込まれる。

図 5.26 の 2 ビットアドレス・3 ビットデータのメモリ回路は，スリーステートバッファが出力計算回路になっているので，ミーリー型完全同期式順序回路である。

一般の n ビットアドレス・m ビットデータの場合について，メモリ回路の状態計算回路と出力計算回路の大きさを評価する。使用する部品はつぎのようになる。

- **2^n 個の m ビットフリップフロップ（レジスタ）**：$m2^n$ 個のフリップフロップ
- **n 入力デコーダ回路**：大きさ $2^{n+1}-4$
- **2^n 個の 2 入力 AND ゲート**：大きさ 2^n
- **2^n 個の m ビットスリーステートバッファ回路と 3 ビットバス**：大きさ $m{\cdot}2^n$

よって，メモリ回路の組み合わせ回路部分の大きさは $2^{n+1}-4+2^n+m{\cdot}2^n=(m+3)2^n-4$ であり，$m2^n$ 個のフリップフロップを用いる。

図 5.26 のメモリ回路の出力 Q をいったん n ビットフリップフロップに書き込み，その n ビットフリップフロップ Q の出力をメモリ回路の出力とすれば，単純型完全同期式順序回路となり，ハザードは発生しない。ただし，メモリの読み出しが 1 クロックサイクル分だけ遅れることになる。この場合，クロック CLK の立ち上がり時のアドレス入力で指定されたデータを読み出すので，**同期読み出し**と呼ばれる。

演習問題

【**5.1**】 図 **5.27** はジョンソンカウンタと呼ばれる順序回路である。この順序回路のタイミングチャートを示し，どのように動作するか説明せよ。

【**5.2**】 10 進カウンタを設計せよ。

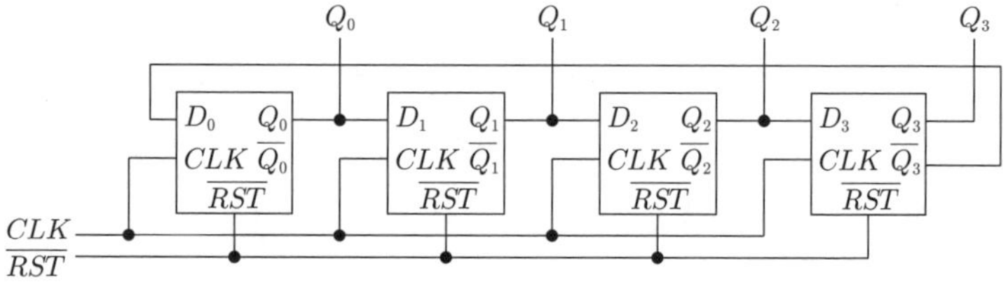

図 5.27 4 ビットジョンソンカウンタ回路

【**5.3**】 10 進カウンタに出力 Y を持つ出力計算回路を付加し，10 進の値が素数 2, 3, 5, 7 のときに $Y = 1$ となるようにせよ。また，出力 Y にハザードが発生し得ることを説明せよ。

【**5.4**】 【**5.3**】の順序回路の出力 Y がハザードを発生しないように改造せよ（ヒント：フリップフロップを 1 個追加し，10 進カウンタの値が 1, 2, 4, 6 のとき，このフリップフロップに 1 を書き込むようにすればよい)。

【**5.5**】 10 進カウンタを 4 個並べて，10 000 進カウンタを設計せよ。出力は BCD4 桁とする。

【**5.6**】 **図 5.28** は，5 サイクル周期で同じ出力を繰り返す 2・3 周期回路のタイミングチャートである。出力 Y は，5 サイクルの前半 2 サイクルは 0 で，後半 3 サイクルは 3 である。

(1) 図 5.10 の 5 進カウンタ回路に出力計算回路を付加することにより，2・3 周期を設計せよ。

(2) 出力 Y にハザードが発生し得ることを説明せよ。

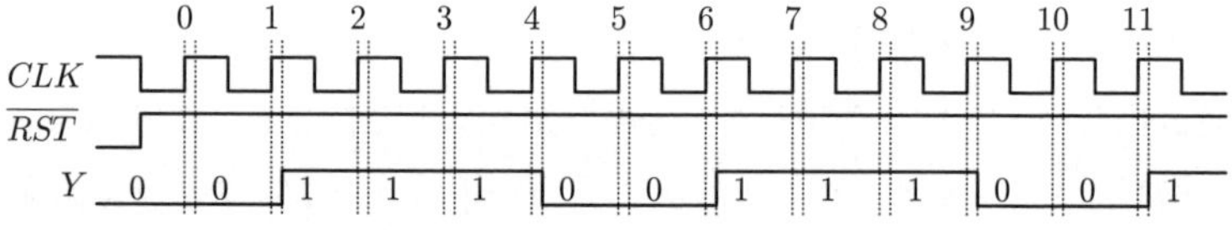

図 5.28 2・3 周期回路のタイミングチャート

【**5.7**】 フリップフロップを 4 個用いて，ハザードが発生しない 2・3 周期回路を設計せよ。

【**5.8**】 0 と 1 の記号列から 0111111 を見つけるための有限オートマトンを示し，それをもとにステートマシンを設計せよ。

【**5.9**】 **図 5.29** の有限オートマトンをステートマシンとワンホットステートマシンでそれぞれ設計し，回路図を図示せよ。

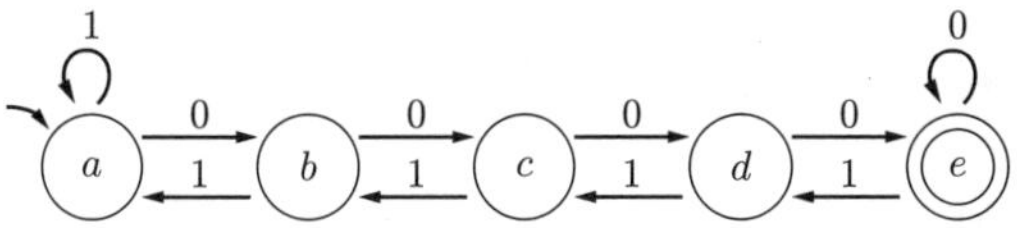

図 **5.29**　有限オートマトン

【**5.10**】 つぎの読み出しと書き込みを独立に同時に行える 2 ビットアドレス·3 ビットデータの**デュアルポートメモリ**を設計し，回路図を図示せよ。

入　力：2 ビット読み出しアドレス R_1R_0，2 ビット書き込みアドレス W_1W_0，3 ビット書き込みデータ $D_2D_1D_0$，書き込みイネーブル E，クロック CLK

出　力：3 ビット読み出しデータ出力 $Q_2Q_1Q_0$

動　作：$Q_2Q_1Q_0$ にはつねに R_1R_0 番地の 3 ビットのワードが出力される。$E=1$ のときに CLK の立ち上がりで，W_1W_0 番地に $D_2D_1D_0$ が書き込まれる。

【**5.11**】 n ビットアドレス · m ビットデータのデュアルポートメモリの大きさを評価せよ。

【**5.12**】 図 5.26 の 2 ビットアドレス · 3 ビットデータメモリ回路をデコーダ回路とスリーステートバッファ回路を用いず，セレクタ回路で置き換えてつくることができる。この回路図を示せ。また，一般の m ビットアドレス · n ビットデータの場合の回路の大きさを評価せよ。

6章 実用的な回路

◆本章のテーマ

これまでに学んできた組み合わせ回路と順序回路の知識をベースにさまざまな実用的な回路を学ぶ。具体的には，まず，プッシュボタンスイッチを押した回数を数える数取器回路を設計する。つぎに，FPGA に内蔵するルックアップテーブルを用いた全加算器やセレクタ回路を設計する。信号処理でよく用いられる畳み込み計算回路の構造と，パイプライン化による高速化を学ぶ。

◆本章の構成（キーワード）

6.1　積分回路と微分回路

　　アキュムレータ，立ち上がり検出回路

6.2　数取器回路

　　メタステーブル対策，チャタリング除去回路

6.3　ルックアップテーブル回路

　　2 ビット加算器，4 入力セレクタ回路，任意の論理関数計算回路

6.4　畳み込み計算回路

　　レイテンシ，スループット，パイプライン化，DSP 回路

◆本章を学ぶと以下の内容をマスターできます

☞ 積分回路，微分回路，立ち上がり検出回路の構造

☞ 非同期入力によるメタステーブル対策法

☞ 機械式スイッチのチャタリング除去の方法

☞ FPGA のルックアップテーブルを用いた組み合わせ回路の設計例

☞ 畳み込み計算回路の高速化と，DSP 回路による畳み込み計算回路の設計

6.1 積分回路と微分回路

6.1.1 積分回路

n ビットの入力 X に $X_0, X_1, \cdots$ が順にクロック CLK の立ち上がりごとに与えられたとき，その累積 $P_i = X_0 + X_1 + \cdots + X_i$ $(i = 0, 1, \cdots)$ を順次出力する回路を**積分回路**，または**アキュムレータ**と呼ぶ。積分回路を完全同期式順序回路として設計する。

図 6.1 は，n ビット加算回路と n ビットフリップフロップを用いた積分回路の回路図である。n ビット加算回路は符号なし 2 進数でも，2 の補数でも同じ回路なので，この積分回路では，n ビットのビット列を符号なし 2 進数とみなしても，2 の補数とみなしてもよい。n ビット加算回路ではフリップフロップが保持している値 Q と入力 X の値が加算され，それがフリップフロップの入力 D に接続しているので，クロック CLK の立ち上がりで X の累積が n ビットフリップフロップに保持される。フリップフロップの出力 Q もしくは加算回路の出力 S のいずれかを積分回路の出力として用いることができる。いずれも累積を出力するが，X_i を入力する時刻 i の CLK の立ち上がりにおいて，出力 Q の値は P_{i-1} であるのに対して，出力 S の値は P_i である。この積分回路において，n ビット加算回路が完全同期式順序の状態計算回路である。また，出力 S の計算にこの n ビット加算回路を用いているので，出力計算回路でもある。よって，ミーリー型完全同期式順序回路である。もし，出力 S を用いず，Q だけ出力するのなら，n ビット加算回路は出力計算回路にはならないので，単純

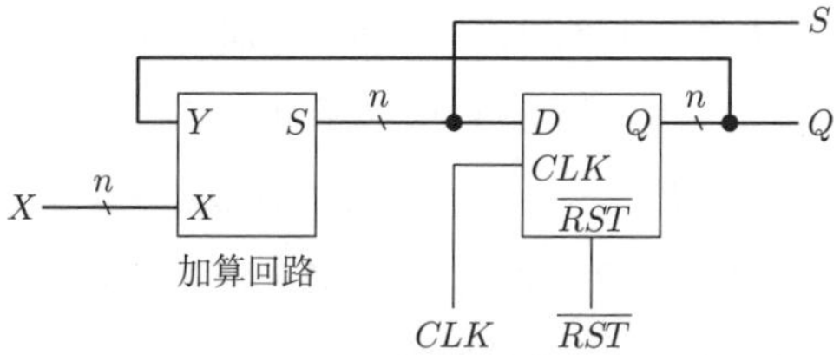

図 6.1　n ビット積分回路

型完全同期式順序回路となる。

図 6.2 は積分回路のレジスタトランスファレベルシミュレーションのタイミングチャートである。簡単のためビット数 n は十分大きいとし，入力や出力は 10 進法で表している。入力 X には，$1, 2, 3, \cdots$ が入力される。入力 X とフリップフロップの出力 Q の合計が S に出力される。この合計 S の値がクロック CLK の立ち上がりでフリップフロップに書き込まれる。出力が $1, 3, 6, \cdots$ となり，累積が正しく計算されることがわかる。出力 Q は X_i が入力されてからつぎの CLK の立ち上がり後に P_i を出力するという意味で，**同期出力**である。一方，出力 S の値は，X_i の値が X に入力されるとすぐに P_i が出力されるので，**非同期出力**である。値を出力するのは S のほうが早いが，X に入力される値に依存してすぐに変わるので，用いるときは注意が必要である。

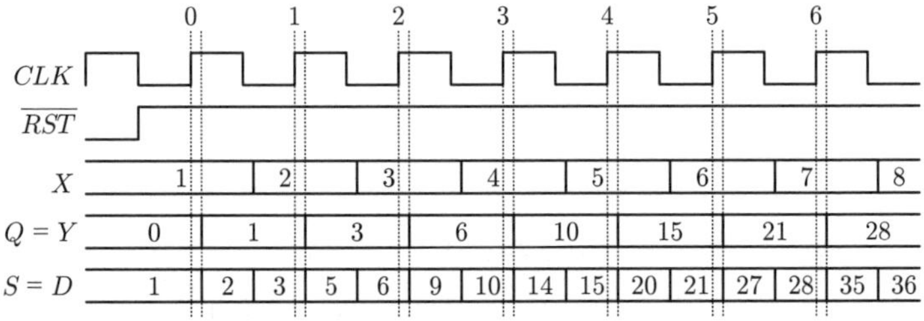

図 6.2　積分回路のレジスタトランスファレベルシミュレーションのタイミングチャート

6.1.2　微分回路と立ち上がり検出回路

n ビットの入力 X に $X_0, X_1, \cdots$ が順に与えられたときに，その前後の差分 $X_i - X_{i-1}$（$i = 0, 1, \cdots$，ただし $X_{-1} = 0$ とみなす）を順に出力する回路を**微分回路**と呼ぶ。図 **6.3**(a) は，n ビット減算回路（$S = X - Y$ を計算）と 1 個の n ビットフリップフロップを用いた微分回路である。積分回路と同様に，ビット列を符号なし 2 進数とみなしても，2 の補数とみなしてもよい。入力 X がフリップフロップの入力 D に接続している。減算回路の出力 S がそのまま微分回路の出力となっている。減算回路では，$S = X - Q$ が計算される。フ

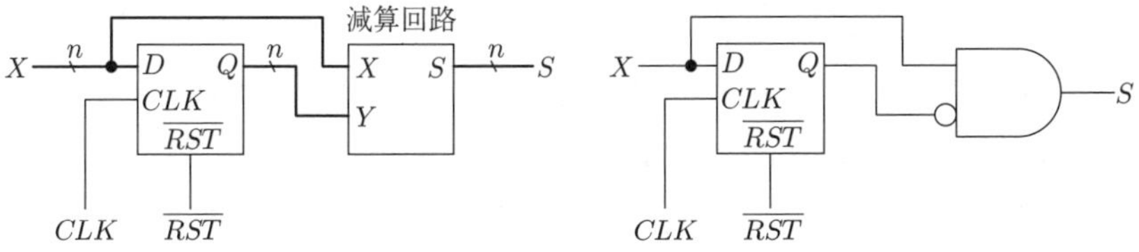

（a）n ビット微分回路　　（b）立ち上がり検出回路

図 6.3　n ビット微分回路と立ち上がり検出回路

リップフロップ Q_0 には $X_0, X_1, \cdots$ が順に保存される。X_{i-1} が保存されているときに，X に X_i が入力されていると，減算回路の S から $X_i - X_{i-1}$ が出力される。そして CLK の立ち上がりで，X_i がフリップフロップに書き込まれる。この微分回路を完全同期式順序回路とみなすと，n ビット減算回路が出力計算回路となっている。よって，ミーリー型完全同期式順序回路である。

図 6.4 は, 微分回路のレジスタトランスファレベルシミュレーションのタイミングチャートである。X から $1, 3, 6, \cdots$ が入力されており, これを $X_0, X_1, X_2, \cdots$ とする。時刻 i（$i = 0, 1, \cdots$）のクロック CLK の立ち上がりで，フリップフロップに書き込まれる。その直後 X は X_i のままなので, S の値は $X_i - X_i = 0$ である。X に入力される値が X_{i+1} に変わると，S の値は $X_{i+1} - X_i$ となる。よって，時刻 i のときの出力 S の値は $X_i - X_{i-1}$ となる。

図 6.3(b) は**立ち上がり検出回路**である。1 ビット減算回路において，減算回路を $S = X \cdot \overline{Q}$ を計算する回路に置き換えただけである。時刻 i のときの出

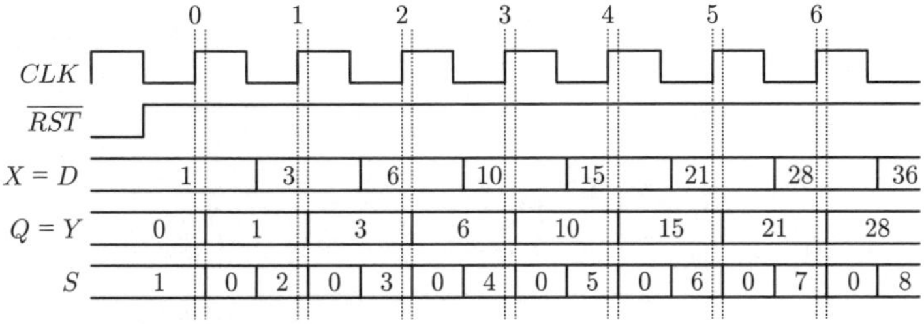

図 6.4　微分回路のレジスタトランスファレベルシミュレーションのタイミングチャート

力 S の値は $S = X_i \cdot \overline{X_{i-1}}$ となる。$S = 1$ となるのは，$X_i = 1$ かつ $X_{i-1} = 0$ のときなので，X が 0 から 1 に変化する立ち上がりの直後の時刻においてのみ 1 となる。よって，入力 X の立ち上がりを検出することができる。

図 6.3 の二つの回路をムーア型完全同期式順序回路とするには，フリップフロップを追加し，入力 X をいったんフリップフロップに書き込み，そのフリップフロップ出力をこれらの回路の入力とすればよい。また，単純型完全同期式順序回路とするには，出力 S をいったんフリップフロップに書き込み，そのフリップフロップ出力を回路の出力とすればよい。いずれの場合も，図 6.4 の出力値 S のように，CLK の立ち上がり以外で出力値が変わることはなくなる。

6.2　数取器回路

数取器とは，回数を数えるための道具で，道路の交通量を計る場合等に用いられる。プッシュボタンスイッチと数値の表示部が付いていて，プッシュボタンスイッチを押すたびに数値が一つずつ増えていく。数取器を完全同期式順序として設計する。

6.2.1　立ち上がり検出回路を用いた数取器回路

図 6.5 は立ち上がり検出回路を用いた数取器回路の回路図である。表示部は省略しており，出力 Q に表示すべき n ビットの値が出力されるようになっている。この出力 Q にはイネーブル付きの n ビットカウンタ回路の出力がそのま

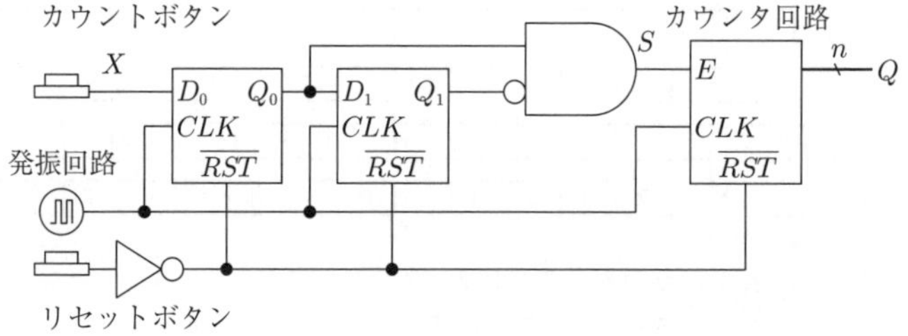

図 6.5　立ち上がり検出回路を用いた数取器回路の回路図

ま接続している。このカウンタ回路は図 5.1 のカウンタ回路のフリップフロップを図 4.15 のイネーブル付きフリップフロップに変更したものであり，イネーブル入力 E を持ち，$E=1$ の間に発生するクロック CLK の立ち上がりで値が一つ増える。$E=0$ のときは，値が変わらない。また，プッシュボタンスイッチ 2 個と発振回路を用いている。発振回路は 100 MHz の矩形波を出力し，すべてのフリップフロップの CLK に接続している。プッシュボタンスイッチは，通常は 0 を出力し，押している間は 1 を出力する。プッシュボタンスイッチの 1 個（リセットボタン）は非同期リセットに用い，すべてのフリップフロップの $\overline{RST}$ に NOT ゲートを通して接続している。よって，リセットボタンを押すと，すべてのフリップフロップの値が 0 になる。もう 1 個のプッシュボタンスイッチ（カウントボタン）を押すと，カウンタ回路の値が 1 増えるように設計されている。そのため，図 6.3 (b) の入力 X をフリップフロップに書き込むように，変更したムーア型完全同期式順序回路の立ち上がり検出回路を用いている。カウントボタンの出力 X をこの立ち上がり検出器に入力し，その出力 S をカウンタ回路の入力 E に接続している。カウントボタンが押されて X が 0 から 1 に変化する立ち上がりが起こると，カウンタ回路の E が接続している立ち上がり検出回路の出力 S が 1 クロックサイクル分だけ 1 になり，カウンタ回路の値がちょうど 1 だけ増える。

図 6.6 は数取器回路のタイミングチャートである。カウントボタンを押して離すことによって，X が 0 から 1 になり，そして 0 に戻るまでをシミュレー

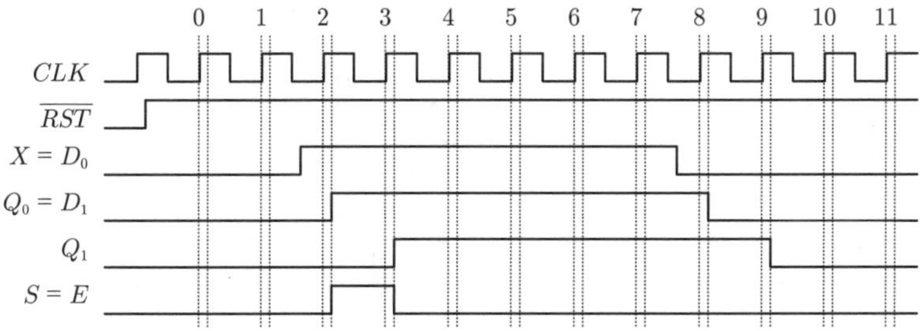

図 6.6　立ち上がり検出回路を用いた数取器回路のタイミングチャート

ションしている。タイミングチャートから，$Q_0Q_1 = 10$ となって，$E = 1$ となるのは時刻 2 から 3 の 1 クロックサイクル分だけであり，時刻 3 の CLK の立ち上がりでカウンタ回路の出力値が 1 増える。

図 6.5 の数取器回路は，正しく動かないことがある。X が変化するのは，カウントボタンが押されたり離されたときなので，CLK の立ち上がりとほぼ同時に X の値が変化し，X が入力されるフリップフロップ Q_0 では，ホールドタイム違反やセットアップ違反が起きる可能性がある。この場合，フリップフロップ Q_0 がメタステーブル状態になり，カウンタ回路が 1 増えることが保証されない。メタステーブル状態にならないように回路を修正する必要がある。

6.2.2　メタステーブル対策を行った数取器回路

図 6.7 はメタステーブル対策を行った数取器回路である。図 6.5 にカウントボタンの出力 X を 2 個のフリップフロップでいったん保持するようにしたものである。これら 2 個のフリップフロップは，**メタステーブル対策**のために用いている。X が変化するタイミングは任意なので，メタステーブル状態を確実に避ける方法はない。しかし，もしメタステーブル状態になっても，その期間は短く，長くなる確率はきわめて低いことを利用して，ほぼ確実にメタステーブル状態による回路の誤動作を避けることができる。ある CLK の立ち上がりで，フリップフロップ Q_0 があるメタステーブル状態になっても，その出力が不安定な期間は短く，ほとんどの場合，つぎの CLK の立ち上がりまでには安定し，つぎのフリップフロップ Q_1 は正しく X の値を保持することができる。

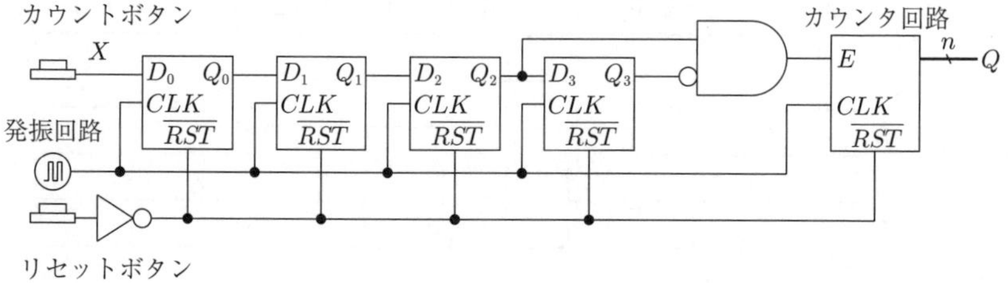

図 6.7　数取器回路の回路図

万が一，つぎの CLK の立ち上がりまで安定せず，フリップフロップ Q_1 がメタステーブル状態になったとしても，さらにそれが Q_2 にまで伝搬することはほとんどない。外部からの非同期な入力が与えられ，フリップフロップがメタステーブル状態になる可能性がある場合は，図 6.7 のように，2 個程度のフリップフロップを直列に並べて入力を受け付けるようにすればよい。$E = 1$ となる時間が遅れるが数クロックサイクルであり，10 ns のサイクルタイムの場合，わずか数十 ns の遅れにすぎず，無視できる。

6.2.3　チャタリング除去回路

図 6.7 の数取器回路を実際に使ってみると，正しく動かないことがある。カウントボタンを 1 回押しただけなのに，カウンタ回路の値が 2 以上増えることがある。その原因はプッシュボタンスイッチの**チャタリング**である。機械スイッチの場合，接点が接触するときにバウンドし，**図 6.8** の X のように，0 と 1 を短い時間に繰り返すことがある。すると，0 から 1 への立ち上がりが複数回発生することになるので，その回数だけカウンタ回路の値が増えることになる。カウントボタンを離すときにもチャタリングが発生することがある。

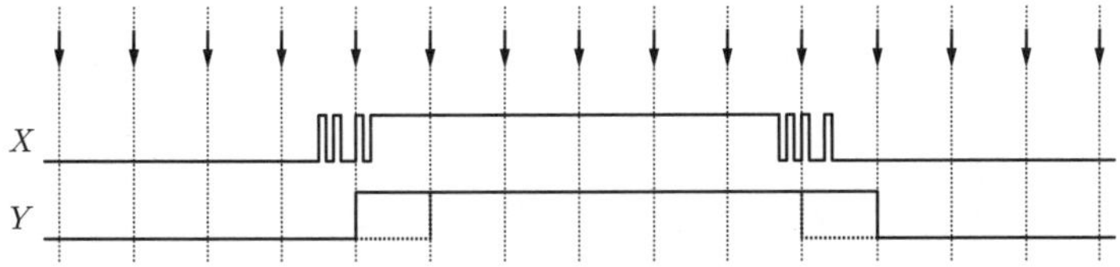

図 6.8　プッシュボタンスイッチのチャタリング

チャタリングを 1 回の立ち上がりや立ち下がりに変換するチャタリング除去の方法には，コンデンサ等を用いて，X の値の急激な変化を抑える手法がある。また，通常は 1 で押したときに 0 となる，反対側の接点の出力 X' が使える場合，X と X' を RS 型フリップフロップに接続してチャタリングを除去する方法もある。ここでは，プッシュボタンスイッチの出力 X だけを用い，デジタル回路の範囲内でチャタリングを除去する方法を説明する。

デジタル回路によるチャタリングを除去するアイデアは，チャタリングが発生する時間より長い周期でプッシュボタンの値を読み出す，つまり X の値のサンプリングを行うことである。図 6.8 では，X をチャタリングの時間より長い間隔でサンプリングしたのが Y である。X が 0 から 1 に変わったときにチャタリングが発生するが，この期間にサンプリングされるのは高々 1 回である。この 1 回の結果が 0 と 1 のどちらであっても，Y が 0 から 1 になるのは 1 回だけである。図の Y において，実線はチャタリング期間でのサンプリングの結果が 1 の場合で，点線が 0 の場合である。いずれの場合も，Y の立ち上がりは 1 回になっている。このサンプリングの手法を用いて，カウントボタンからの入力のチャタリングを除去する回路を設計する。チャタリングの期間は最大で 10 ms と仮定する。クロックの周波数は 100 MHz なので，サイクルタイムは 10 ns である。そこで，図 5.1 の 20 ビットカウンタ回路を用いて，$2^{20} \times 10\,\mathrm{ns} \approx 10.5\,\mathrm{ms}$ の周期でサンプリングする。**図 6.9** はチャタリング除去回路である。20 ビットカウンタ回路の最上位の出力 Q_{19} を用いている。**図 6.10** のタイミングチャートが示すとおり，この出力 Q_{19} は，2^{19} サイクルの間は 0 であり，2^{19} サイクルの間は 1 である。よって，2^{20} サイクルごとに 1 回だけ 0 から 1 への立ち上がりが発生する。その出力 Q_{19} を図 6.3(b) の立ち上がり検出の回路に接続している。この立ち上がり検出回路の出力 S は，2^{20} サイクルごとに 1 回だけ 1 になる。これを 2 個のフリップフロップ Q_1 と Q_2 のイネーブル入力 E に接続しているので，これらのフリップフロップは，2^{20} サイクルごとに 1 回だけ，D_1

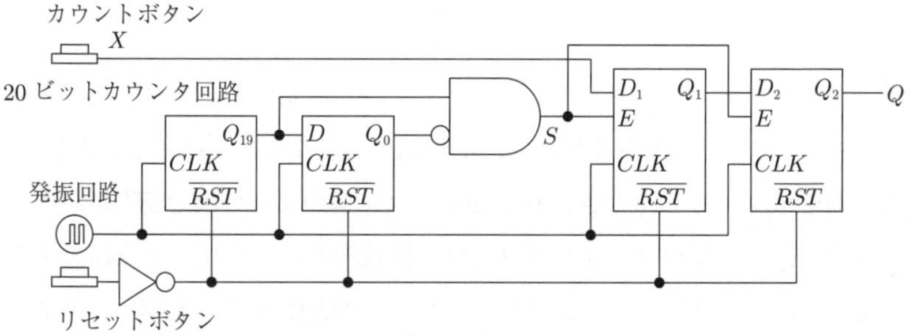

図 **6.9**　チャタリング除去回路

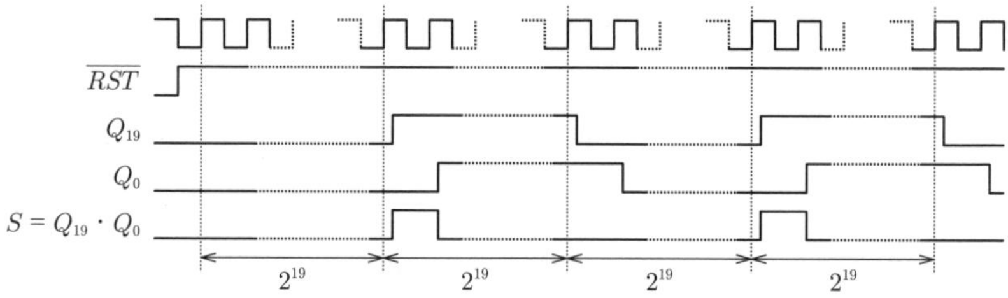

図 6.10　チャタリング除去回路のタイミングチャート

と D_2 から入力されている値を保持する。よって，出力 Q_1 は，図 6.8 の Y に対応し，カウントボタンの入力を 2^{20} サイクルごとに 1 回だけサンプリングした値になる。もう 1 個のフリップフロップ Q_2 を用いているのは，メタステーブル対策である。フリップフロップの入力 D_1 は非同期入力を受け付けているので，メタステーブル状態になり得る。それはごく短い時間で，10 ms 以上もメタステーブル状態になる確率はきわめて低い。よって，フリップフロップ Q_2 はメタステーブル状態にならない。

図 6.9 のチャタリング除去回路の出力 Q を図 6.5 の数取器回路の入力 D_0 に接続すれば，チャタリング対策済みの正しく動作する数取器となる。

6.3　ルックアップテーブル回路

回路を書き換えられるプログラマブルな集積回路（LSI）である FPGA では，大量の**ルックアップテーブル**（LUT）を用いて組み合わせ回路を構成する。ルックアップテーブルは小容量のメモリである。例えば，**図 6.11** の 6 入力 1 出力

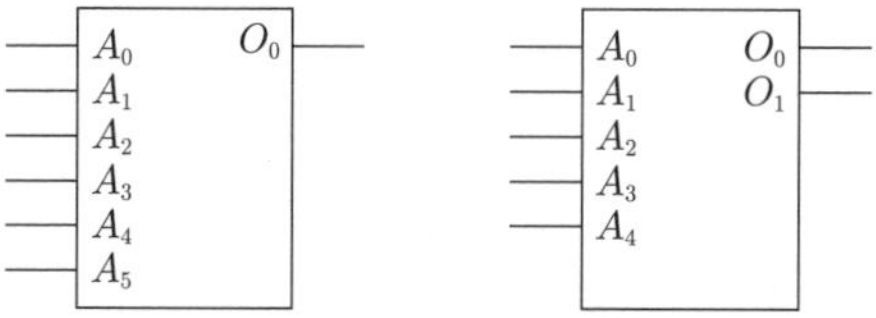

（a）　6LUT1　　　　（b）　5LUT2

図 6.11　ルックアップテーブル回路

のルックアップテーブル（6LUT1）は，$2^6 = 64$ ビットのメモリであり，1 ビットのデータを蓄えることができる大きさ 64 の配列を持っている。6 ビットのアドレス入力 $A_5A_4A_3A_2A_1A_0$ により指定された番地 $[A_5A_4A_3A_2A_1A_0]$ のデータを O_0 に出力する。図の 5 入力 2 出力のルックアップテーブル（5LUT2）も 64 ビットのメモリであり，2 ビットのデータを蓄えることができる大きさ 32 の配列を持っている。5 ビットのアドレス入力 $A_4A_3A_2A_1A_0$ により指定された番地 $[A_4A_3A_2A_1A_0]$ の 2 ビットのデータを O_1O_0 に出力する。

一般に，m 入力 n 出力のルックアップテーブル（mLUTn）は，内部に n ビットのデータを蓄えることのできる大きさ 2^m の配列を持っている。汎 2 入力ゲートは 2 入力 1 出力のルックアップテーブル（2LUT1）とみなすことができる。組み合わせ回路の大きさを使用する汎 2 入力ゲートの個数で評価してきたが，2LUT1 だけを用いて組み合わせ回路を構成した場合は 2LUT1 の個数となる。実際の FPGA で用いられるルックアップテーブルには，5LUT2 と 6LUT1 が設定で切り替えられるものがある。また，内部の配列の値は動的に変更できるものと固定のものがある。本節では，5LUT2 と 6LUT1 を用いた組み合わせ回路の設計例をいくつか紹介する。

6.3.1　5LUT2 による 2 ビット加算器

全加算器の 2 個分の働きをする 2 ビット加算器を 5LUT2 を用いて設計する。**図 6.12**(a) で示したように，2 ビット加算器は，2 個の 2 ビット X_1X_0 と Y_1Y_0，および下位からの桁上がり Z を加算して，その合計である 3 ビット $S_2S_1S_0$ を求める。S_2 は上位桁への桁上がりとみなすこともできる。図 (b) のように，

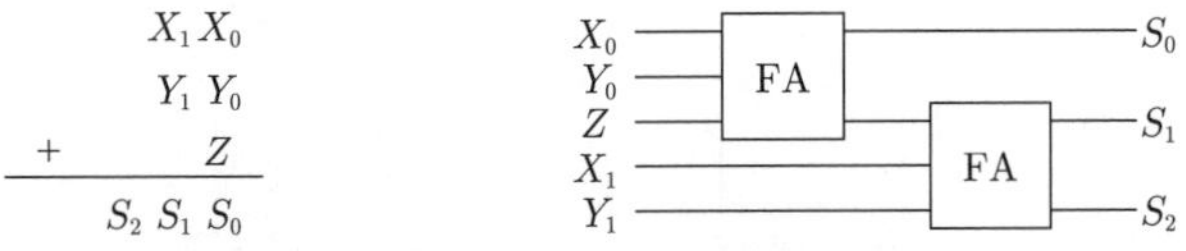

(a)　2 ビット加算の計算　　　(b)　全加算器 2 個による 2 ビット加算器

図 6.12　2 ビット加算器の計算と 2 個の全加算器による 2 ビット加算器

2 個の全加算器で 2 ビット全加算器をつくることができる。2 ビット加算器を 5LUT2 を用いて設計する。$S_0 = X_0 \oplus Y_0 \oplus Z$ なので，S_0 は 3 入力 XOR を用いて計算すればよい。S_2 と S_1 の計算に 5LUT2 を用いる。そのために，**表 6.1** に示したように，5LUT2 の配列の値を設定する。例えば，$X_1X_0 = 01$, $Y_1Y_0 = 10$，$Z = 1$ のときは，$S_2S_1 = 10$ を出力しており，正しいことが確認できる。

表 6.1 2 ビット全加算器のための 5LUT2 の配列の値

A_3 (Y_1)			0	0	0	0	0	0	0	0	1	1	1	1	1	1	1	1
A_2 (Y_0)			0	0	0	0	1	1	1	1	0	0	0	0	1	1	1	1
A_1 (X_1)			0	0	1	1	0	0	1	1	0	0	1	1	0	0	1	1
A_0 (X_0)			0	1	0	1	0	1	0	1	0	1	0	1	0	1	0	1
O_0	A_4	0	0	0	1	1	0	1	1	0	1	1	0	0	1	0	0	1
(S_1)	(Z)	1	0	1	1	0	1	1	0	0	1	0	0	1	0	0	1	1
O_1	A_4	0	0	0	0	0	0	0	0	1	0	0	1	1	0	1	1	1
(S_2)	(Z)	1	0	0	0	1	0	0	1	1	0	1	1	1	1	1	1	1

n 個の全加算器を用いて n ビット加算回路をつくることができるが，この n 個の全加算器を $n/2$ 個の 2 ビット加算器に置き換えることができる。よって，n ビット加算回路は，$n/2$ 個の 5LUT2 と $n/2$ 個の 3 入力 XOR ゲートでつくることができる。

6.3.2 6LUT1 による 4 入力セレクタ回路

4 入力セレクタは，つぎの 6 入力論理関数で表すことができる。

$$s_2(S_0, S_1; X_0, X_1, X_2, X_3) = X_{[S_1 S_0]} \tag{6.1}$$

よって，6LUT1 の配列の番地 $[S_1S_0X_3X_2X_1X_0]$ に $X_{[S_1S_0]}$ を保存しておけばよい。**表 6.2** がメモリの各番地に保存される値である。$X_3X_2X_1X_0$ をアドレス入力 $A_3A_2A_1A_0$ に，S_1S_0 をアドレス入力 A_5A_4 に対応付けている。例えば，$A_5A_4(S_1S_0) = 00$ のときは，つねに $A_0(X_0)$ の値が O_0 に出力される。

表 6.2　4 入力セレクタ回路のための 6LUT1 の配列の値

A_3 (X_3)		0	0	0	0	0	0	0	0	1	1	1	1	1	1	1	1
A_2 (X_2)		0	0	0	0	1	1	1	1	0	0	0	0	1	1	1	1
A_1 (X_1)		0	0	1	1	0	0	1	1	0	0	1	1	0	0	1	1
A_0 (X_0)		0	1	0	1	0	1	0	1	0	1	0	1	0	1	0	1
A_5A_4 (S_1S_0)	00	0	1	0	1	0	1	0	1	0	1	0	1	0	1	0	1
	01	0	0	1	1	0	0	1	1	0	0	1	1	0	0	1	1
	10	0	0	0	0	1	1	1	1	0	0	0	0	1	1	1	1
	11	0	0	0	0	0	0	0	0	1	1	1	1	1	1	1	1

6.3.3　6LUT1 を用いた論理関数計算回路

2.3.4 項では，汎 2 入力ゲートとセレクタ回路だけを用いて，任意の n 入力論理関数を計算できることを示した。同様の手法により，6LUT1 だけを使って n 入力論理関数が計算できることを示す。明らかに 6LUT1 を 1 個用いて，任意の 6 入力論理関数 $f(X_0, X_1, X_2, X_3, X_4, X_5)$ を計算することができる。8 入力論理関数は，つぎのように，X_7X_6 を $x_7x_6 = 00$, 01, 10, 11 にそれぞれ固定した四つの 6 入力論理関数に分解できる。

$$f_{x_7x_6}(X_0, X_1, X_2, X_3, X_4, X_5) = f(X_0, X_1, X_2, X_3, X_4, X_5, X_6, X_7)$$

これら四つの 6 入力論理関数は，それぞれ 1 個の 6LUT1 で計算できる。そして，4 入力セレクタで X_7X_6 の値により，一つ選べばよい。4 入力セレクタは 1 個の 6LUT1 でつくれるので，任意の 8 入力論理関数は，5 個の 6LUT1 で計算できる。

一般には n $(\geqq 8)$ 入力論理関数を計算するのに，$n-2$ 入力論理関数を計算する四つの回路を 4 入力セレクタで選ぶようにする。この $n-2$ 入力論理関数の計算回路を再帰的につくればよい。n 入力論理関数（n は偶数）を計算する 6LUT1 の個数を $L(n)$ 個とすると

$$\begin{aligned} L(n) &= 1 & (n = 6) \\ &= 4L(n-2) + 1 & (n \geqq 8) \end{aligned} \tag{6.2}$$

が成り立つ。したがって，$L(n) = \dfrac{2^n}{48} - \dfrac{1}{3}$ となる。

6.4 畳み込み計算回路

6.4.1 畳み込み計算回路の設計

畳み込み計算とは，センサ等から一定時間ごとに順次取得されるデータの列に対して，その連続した一定の区間にあらかじめ決まった重み係数の積和計算を行う計算処理である。本節では，**畳み込み計算回路**を設計する。入力データを時系列で $X_0, X_1, \cdots$ と表す。各 X_i $(i \geq 0)$ は時刻 i に取得される値で，ここでは簡単のため，0 以上 1 以下の小数点数とし，つぎの式で表される積和の計算結果の列 $Y_0, Y_1, \cdots$ を出力する畳み込み計算回路の設計を目指す。

$$Y_i = 0.1 \cdot X_i + 0.2 \cdot X_{i+1} + 0.4 \cdot X_{i+2} + 0.2 \cdot X_{i+3} + 0.1 \cdot X_{i+4} \tag{6.3}$$

係数の合計 $0.1 + 0.2 + 0.4 + 0.2 + 0.1$ は 1 なので，Y_i は，X_i，X_{i+1}，X_{i+2}，X_{i+3}, X_{i+4} の加重平均となる。例えば，入力が 0.2，0.2，1.0，1.0，1.0，1.0，1.0，0.1，0.1，0.1 のときの出力は，**図 6.13** のように計算され，出力の値は 0.76，0.92，1.00，0.91，0.73，0.37 となる。畳み込み計算において，係数の個数を**タップ数**と呼ぶ。ここで設計する畳み込み計算回路のタップ数は 5 であるが，より多くのタップ数の畳み込み計算を行う回路も，自明な拡張で同様に設

0.2　0.2　1.0　1.0　1.0　1.0　1.0　0.1　0.1　0.1

0.02 + 0.04 + 0.4 + 0.2 + 0.1 = **0.76**

0.02 + 0.2 + 0.4 + 0.2 + 0.1 = **0.92**

0.1 + 0.2 + 0.4 + 0.2 + 0.1 = **1.00**

0.1 + 0.2 + 0.4 + 0.2 + 0.01 = **0.91**

0.1 + 0.2 + 0.4 + 0.02 + 0.01 = **0.73**

0.1 + 0.2 + 0.04 + 0.02 + 0.01 = **0.37**

図 **6.13**　畳み込みの計算例

計することができる。

畳み込みを行う回路を完全同期式順序回路として設計する。10 進数は直接扱えないので，符号なし固定小数点数で各数値を表すことにする。具体的には各 X_i と Y_i は，整数部 1 ビット，小数部 7 ビットの 8 ビットの符号なし固定小数点数とする。X_i の最小値は 0.0000000，最大値は 1.0000000 と仮定する。係数の 0.1 を固定小数点数で表すと，0.0001100110$\cdots$ なので 0 捨 1 入して 0.0001101（10 進数で 0.1015625）とする。0.2 は，0.0011001100$\cdots$ なので，0 捨 1 入して 0.0011010（10 進数で 0.203125）とする。同様に，0.4 は，0.0110011（10 進数で 0.3984375）となる。これらの値をそのまま用いることもできるが，$0.1 + 0.2 + 0.4 + 0.2 + 0.1 = 1$ となるように，調整して 0.4 を 0.0110010（10 進数で 0.390625）とする。畳み込み計算回路では，つぎの加算回路と乗算回路を用いる。

加算回路：二つの 8 ビットの符号なし固定小数点数（整数部 1 ビット，小数部 7 ビット）X と Y の和を 8 ビット符号なし固定小数点数（整数部 1 ビット，小数部 7 ビット）S に求める。

乗算回路：二つの 8 ビットの符号なし固定小数点数（整数部 1 ビット，小数部 7 ビット）X と Y の積を 8 ビット符号なし固定小数点数（整数部 1 ビット，小数部 7 ビット）Z に求める。

加算回路は，図 3.5 の 4 ビット加算回路を 8 ビットに拡張したものをそのまま用いることができる。乗算回路は，図 3.13 の 4 ビット乗算回路を 8 ビットに拡張したものを用いる。8 ビットにそのまま拡張すると，$X = x_7.x_6x_5x_4x_3x_2x_1x_0$ と $Y = y_7.y_6y_5y_4y_3y_2y_1y_0$ の積が 16 ビットの固定小数点数 $Z = z_{15}z_{14}.z_{13}z_{12}z_{11}z_{10}z_9z_8z_7z_6z_5z_4z_3z_2z_1z_0$ に求められる。このうち整数部 1 ビット，小数部 7 ビットだけ用いる。つまり，$Z = z_{14}.z_{13}z_{12}z_{11}z_{10}z_9z_8z_7$ とし，小数点以下 8 桁目以降を切り捨てることにする。これらの 8 ビット固定小数点のための加算回路と乗算回路を図 **6.14**(a)，(b) の回路記号で表す。

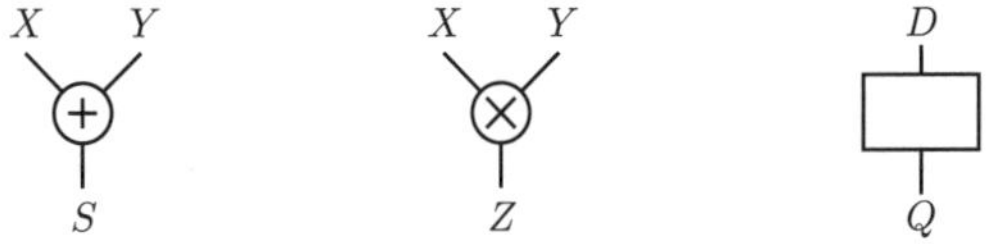

（a） 加算回路　（b） 乗算回路　（c） レジスタ

図 6.14　8 ビットの加算回路，乗算回路，およびレジスタの回路記号

8 ビット固定小数点数を記憶するために図 4.14 のレジスタを $n=8$ ビットとして用いる。ここではレジスタを簡単に図 6.14(c) のように表すことにする。これから設計するすべてのレジスタのクロック CLK は外部のクロック入力，$\overline{RST}$ は外部のリセット入力を接続した完全同期式順序回路なので，回路図においてこれらは省略する。**図 6.15** は加算回路，乗算回路，レジスタを用いて設計した畳み込み計算回路である。5 個のレジスタ I_0，I_1，I_2，I_3，I_4 を用いて，連続した 5 個の入力 X_{i+4}，X_{i+3}，X_{i+2}，X_{i+1}，X_i を記憶する。5 個の乗算回路で，畳み込み演算の係数との積を求め，4 個の加算回路でその合計を求めている。その合計が出力用レジスタ O に書き込まれる。わかりやすさのため，図では係数は 0.1 と表示しているが，実際には固定小数点数 0.0001101 を用いる。

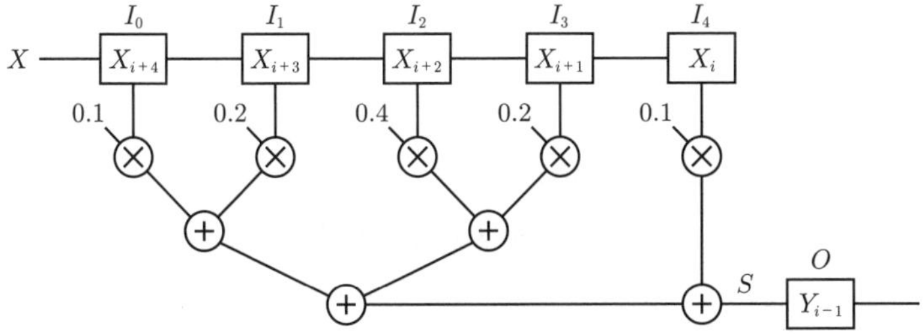

図 6.15　畳み込み計算回路

図 6.16 は畳み込み計算回路のレジスタトランスファレベルシミュレーションのタイミングチャートである。時刻 0 のクロック CLK の立ち上がりから，入力が与えられている。最初の 5 個の入力すべてが 5 個のレジスタに保持されるのは時刻 4 の CLK の立ち上がりである。この立ち上がりの後，最後の加算回

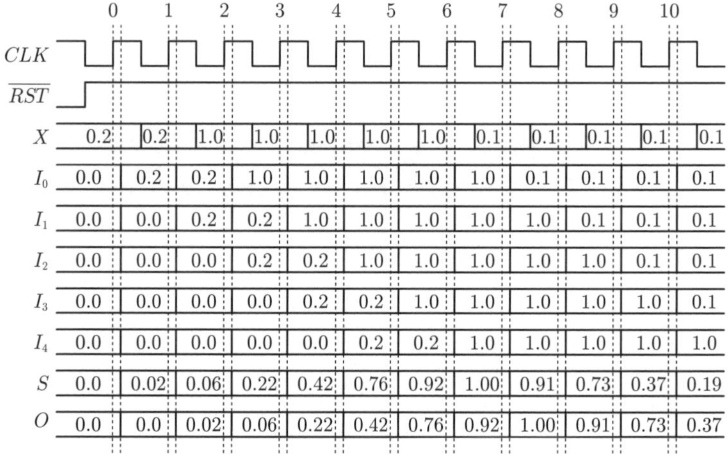

図 6.16　図 6.15 の畳み込み計算回路のレジスタトランスファレベルシミュレーションのタイミングチャート

路の出力 S にその積和の値 0.76 が得られる。そして，この値が時刻 5 の CLK の立ち上がりで出力用レジスタ O に書き込まれる。一般に，時刻 $i+4$ の CLK の立ち上がりで，レジスタ I_0，I_1，I_2，I_3，I_4 に X_{i+4}，X_{i+3}，X_{i+2}，X_{i+1}，X_i が書き込まれ，書き込み後，加算回路の出力 S の値がそれらの積和 Y_i になる。そして，時刻 $i+5$ の CLK の立ち上がりで，その Y_i が出力用レジスタ O に書き込まれる。

6.4.2　畳み込み計算回路の性能評価

順序回路の性能は，レイテンシと最大動作周波数で評価される。**レイテンシ**は計算に必要な最後のデータが与えられて，出力が得られるまでのクロックサイクル数と時間である。ここでは，厳密に入力用のレジスタに必要な最後のデータが書き込まれてから，出力用のレジスタに書き込まれるまでのサイクル数で評価する。図 6.15 の畳み込み計算回路で Y_i を求めるのに必要な最後のデータは X_{i+4} であり，これが書き込まれるのが時刻 $i+4$ の CLK の立ち上がりである。そして，Y_i が出力用レジスタ O に書き込まれるのが時刻 $i+5$ である。よって，レイテンシは 1 クロックサイクルである。

つぎに最大動作周波数を求めるため，ホールドタイム違反とセットアップタイム違反にならないようにする。簡単のため，レジスタを構成するフリップフロップの最小アクセスタイム T^-_{acc}，最大アクセスタイム T^+_{acc}，セットアップタイム T_{setup}，ホールドタイム T_{hold} はすべて 0.1 ns とし，クロックスキュー T_{skew} は 0.0 ns とする。$T^-_{acc} \geqq T_{hold} + T_{skew}$ なので，ホールドタイム違反が発生することはない。よって，セットアップタイム違反にならないようなクロックのサイクルタイム T_{clk} の条件を求めればよい。乗算回路の最大遅延時間を 0.2 ns，加算回路の遅延時間を 0.1 ns と仮定する。図 6.15 の乗算回路と加算回路で構成される組み合わせ回路の最大遅延時間 T^+_{conv} は乗算回路 1 個と加算回路が 3 個通る経路が最長になるので，$0.2 + 3 \times 0.1 = 0.5$ ns となる。セットアップタイム違反にならないためには，T_{clk} がつぎの値以上でなければならない。

$$T^+_{acc} + T^+_{conv} + T_{setup} + T_{skew} = 0.1 + 0.5 + 0.1 + 0.0 = 0.7\,\mathrm{ns} \tag{6.4}$$

よって，最小サイクルタイムは 0.7 ns，最大動作周波数は $1\,\mathrm{s}/0.7\,\mathrm{ns} \approx 1.43\,\mathrm{GHz}$ となる。また，レイテンシは，1 クロックサイクル $= 0.7$ ns である。

6.4.3 組み合わせ回路のパイプライン化による高速化

パイプラインレジスタを組み合わせ回路に挿入し，組み合わせ回路を小さく分割することにより，レイテンシが大きくなるのを代償に，その最大遅延時間を小さくすることができる。これを**パイプライン化**と呼ぶ。パイプライン化により，組み合わせ回路の最大遅延時間が小さくでき，クロックのサイクルタイムを小さくし，最大動作周波数を大きくすることができる。**図 6.17** はそのパイプライン化を示している。乗算回路と加算回路から構成される組み合わせ回路にステージと呼ばれる切断線を 2 本描き，配線と交差する部分にレジスタ（**パイプラインレジスタ**と呼ぶ）を挿入している。これにより，組み合わせ回路が三つの部分に分断されることになる。ステージ 1 のパイプラインレジスタ R_0，R_1，R_2，R_3，R_4 は乗算回路の出力を保持する。ステージ 2 のパイプラインレ

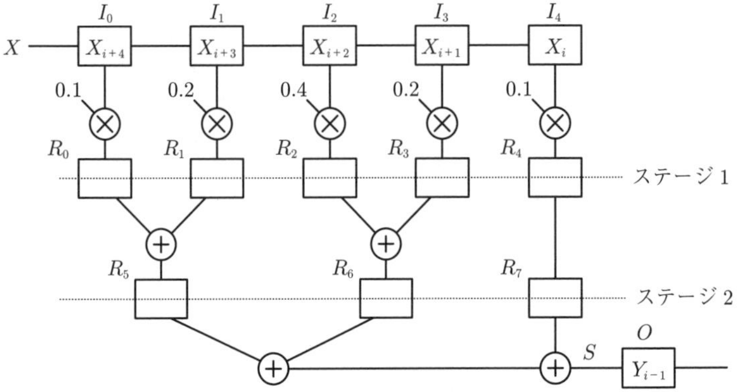

図 **6.17**　図 6.15 の畳み込み計算回路のパイプライン化

ジスタ R_5，R_6 は加算回路の出力を保持している。R_7 は R_4 の値をそのまま保持するが，タイミングを合わせるために必要である。

図 **6.18** は，図 6.17 のパイプライン化した畳み込み計算回路のタイミングチャートである。ステージが二つ挿入されているので，出力を得るのに 2 クロックサイクル遅れることになる。よって，レイテンシは 3 クロックサイクルとなる。

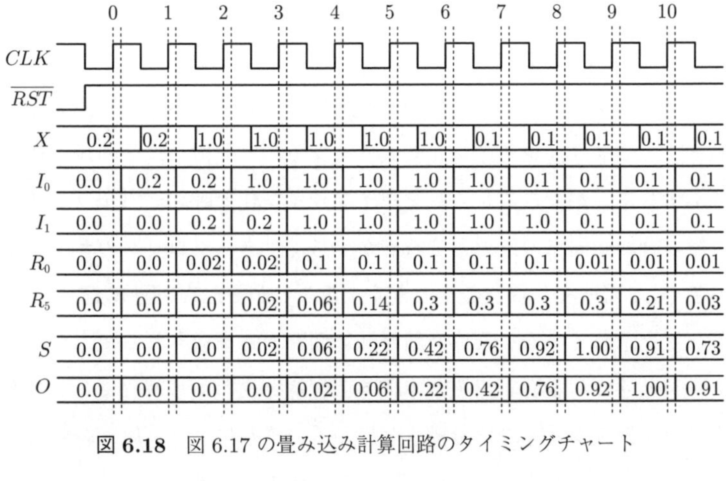

図 **6.18**　図 6.17 の畳み込み計算回路のタイミングチャート

つぎに最小サイクルタイムと最大動作周波数を求める。組み合わせ回路が三つに分かれているが，最大遅延時間は乗算回路が1個，もしくは加算回路が2個となり，いずれも $T^+_{conv} = 0.2\,\mathrm{ns}$ である。よって，セットアップタイム違反にならないための最小サイクルタイムは，つぎのように計算できる。

$$T^+_{acc} + T^+_{conv} + T_{setup} + T_{skew} = 0.1 + 0.2 + 0.1 + 0.0 = 0.4\,\mathrm{ns} \tag{6.5}$$

よって，最大動作周波数は $1/0.4\,\mathrm{ns} \approx 2.5\,\mathrm{GHz}$ となり，パイプライン化前の図6.15の最大動作周波数 1.43 GHz より大きくなっている。一方，レイテンシは $3 \cdot 0.4 = 1.2\,\mathrm{ns}$ となり，パイプライン化前の 0.7 ns より大きくなっている。

最大動作周波数は畳み込み計算回路が1秒間に処理できるデータ数（**スループット**）に対応するので，より大きいほうが望ましい。一方，数 ns 程度の計算の遅れは通常まったく問題ないので，パイプライン化は回路の性能向上の有効な手法である。

6.4.4 DSP 回路を用いた畳み込み計算回路

多くの FPGA には，畳み込み計算を効率よく行うための **DSP 回路**が組み込まれている。この DSP 回路を組み合わせることにより，さまざまな大きさの畳み込み計算を効率よく行うことができる。**図 6.19** は DSP 回路の回路図である。4個のレジスタと，1個の乗算回路と1個の加算回路を持つ。二つの入力 X と P，および出力 X' と P' を持っていて，回路図のように接続されている。FPGA の実際の DSP 回路はかなり複雑であるが，この DSP 回路は畳み込み計算に必要な部分だけ取り出したものになっている。

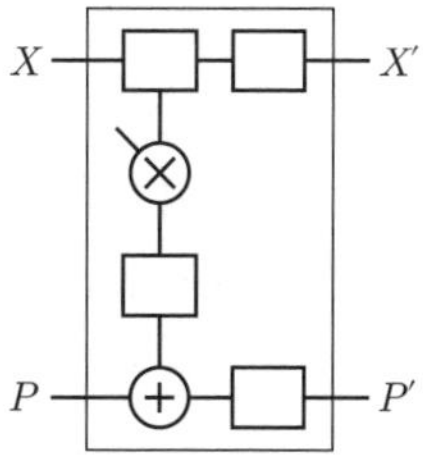

図 6.19 FPGA の DSP 回路

この DSP 回路を5個並べることにより，図6.15と同じタップ数が5の畳み込み計算を行うことができる。**図 6.20**(a) が DSP 回路を5個用いた畳み込み

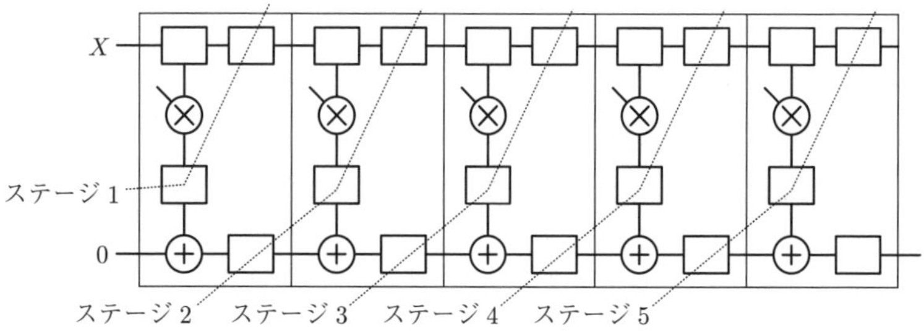

(a)　DSP 回路を用いた畳み込み計算回路

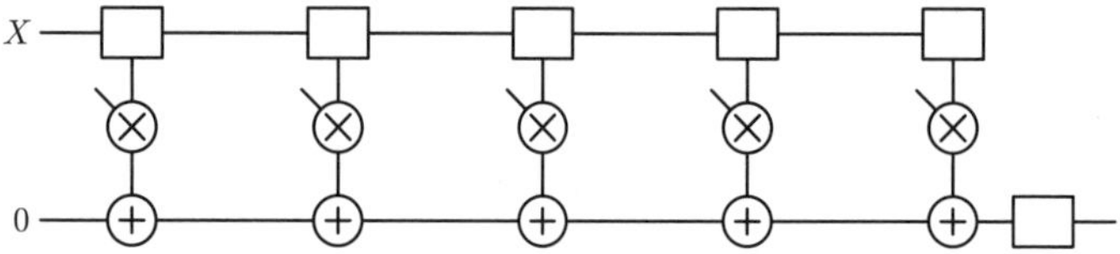

(b)　パイプラインレジスタを取り除いた回路

図 6.20　DSP 回路を用いた畳み込み計算回路とそのパイプラインレジスタを取り除いた回路

計算回路である。DSP 回路を直列に並べるだけで，畳み込み計算を行うことができる。この回路は，畳み込み計算回路にステージ数が 5 のパイプライン化が行われたものと考えることができる。図 (b) は，図 (a) のすべてのパイプラインレジスタを取り除いた回路である。この回路は，加算回路の接続が変更されているだけで，図 6.15 と本質的に同じ回路である。よって，図 6.20 の DSP 回路を 5 個用いた回路が正しく畳み込み計算を行うことが確認できる。この回路はステージ数 5 なので，レイテンシは 6 クロックサイクルとなる。一般に，タップ数が n の畳み込み計算は，DSP 回路を直列に n 個並べた回路で行うことができる。このときのレイテンシは $n+1$ クロックサイクルとなる。また，タップ数 n が大きくても，組み合わせ回路の最大遅延時間は乗算回路 1 個分なので，最小サイクルタイムと最大動作周波数は一定である。

演習問題

【6.1】 大きさ m の n ビット**部分和計算回路**とは，n ビットの入力 X に $X_0, X_1, \cdots$ が順にクロック CLK の立ち上がりごとに与えられ，部分和 $X_i + X_{i+1} + \cdots + X_{i+m-1}$ $(i = 0, 1, \cdots)$ を順次出力する。つぎの二つの方法で部分和計算回路をそれぞれ設計し，使用する n ビットレジスタと n ビット加算回路・減算回路の個数を評価せよ。オーバーフローの発生は無視してよい。

(1) 累積の差により部分和を求める方法

(2) 畳み込み計算回路で乗算を行わず，単に和を求める方法

【6.2】 チャタリングの期間が最大 100 ms の場合のチャタリング除去回路を示せ。

【6.3】 3 個の 3 入力 XOR ゲートで行われる計算が，2 個の 5LUT2 で行えることを示せ。そして，5LUT2 を用いて 6 ビット加算回路を設計せよ。

【6.4】 1 個の 5LUT2 に組み合わせ回路を付加して，6LUT1 を設計せよ。

【6.5】 図 6.17 のパイプライン化された畳み込み計算回路で，ステージ 2 のパイプラインレジスタは付加せず，ステージ 1 だけの場合の動作周波数とレイテンシを評価せよ。

【6.6】 図 6.15 の畳み込み計算回路をタップ数が 9 になるように変更せよ。また，パイプラインレジスタを挿入した場合の動作周波数とレイテンシを評価せよ。パイプラインのステージ数を 1，2，3 とした場合について，それぞれ評価すること。

索　引

【ろ】

【わ】

【A】

【B】

【D】

【J】

【N】

【O】

【R】

【S】

【X】

【数字・ギリシャ文字】

—— 著 者 略 歴 ——

中野　浩嗣（なかの　こうじ）

1987年　大阪大学基礎工学部情報工学科卒業
1989年　大阪大学基礎工学研究科博士前期課程修了（物理系専攻）
1992年　大阪大学基礎工学研究科博士後期課程修了（物理系専攻）
　　　　博士（工学）
1992年　株式会社日立製作所基礎研究所研究員
1995年　名古屋工業大学講師
1998年　名古屋工業大学助教授
2001年　北陸先端科学技術大学院大学助教授
2003年　広島大学教授
　　　　現在に至る

伊藤　靖朗（いとう　やすあき）

2001年　名古屋工業大学工学部電気情報工学科卒業
2003年　北陸先端科学技術大学院大学情報科学研究科博士課程前期修了（情報処理学専攻）
2003年　デンソーテクノ株式会社勤務
2004年　広島大学助手
2007年　広島大学助教
2010年　広島大学大学院工学研究科博士課程後期修了（情報工学専攻）
　　　　博士（工学）
2013年　広島大学准教授
　　　　現在に至る

デジタル回路設計入門　—FPGA 時代の論理回路設計—
Introduction to Digital Circuit Design —Logic Circuit Design for the FPGA Age—

2021 年 4 月26日　初版第 1 刷発行　★

検印省略

著　者	中　野　浩　嗣
	伊　藤　靖　朗
発 行 者	株式会社　コ ロ ナ 社
	代 表 者　牛 来 真 也
印 刷 所	三 美 印 刷 株 式 会 社
製 本 所	有限会社　愛 千 製 本 所

112–0011　東京都文京区千石 4–46–10
発 行 所　株式会社　**コ ロ ナ 社**
CORONA PUBLISHING CO., LTD.
Tokyo Japan
振替 00140–8–14844・電話(03)3941–3131(代)
ホームページ　https://www.coronasha.co.jp

ISBN 978–4–339–00943–9　C3055　Printed in Japan　（谷口）